内蒙古财经大学实训与案例教材系列丛书

丛书主编 金 桩 徐全忠

环境经济学入门

主 编 乌云嘎 金 良
副主编 关海波 张文娟

中国财经出版传媒集团

经济科学出版社

Economic Science Press

图书在版编目（CIP）数据

环境经济学入门/乌云嘎，金良主编 . —北京：经济
科学出版社，2018.12（2022.7 重印）
ISBN 978 - 7 - 5218 - 0049 - 4

Ⅰ. ①环… Ⅱ. ①乌…②金… Ⅲ. ①环境经济学 -
高等学校 - 教材 Ⅳ. ①X196

中国版本图书馆 CIP 数据核字（2018）第 283375 号

责任编辑：李一心
责任校对：王肖楠
责任印制：范 艳

环境经济学入门

主 编 乌云嘎 金 良
副主编 关海波 张文娟
经济科学出版社出版、发行 新华书店经销
社址：北京市海淀区阜成路甲 28 号 邮编：100142
总编部电话：010 - 88191217 发行部电话：010 - 88191522
网址：www. esp. com. cn
电子邮件：esp@ esp. com. cn
天猫网店：经济科学出版社旗舰店
网址：http://jjkxcbs. tmall. com
北京密兴印刷有限公司印装
787×1092 16 开 9.25 印张 200000 字
2019 年 8 月第 1 版 2022 年 7 月第 2 次印刷
ISBN 978 - 7 - 5218 - 0049 - 4 定价：32.00 元

前　言

环境问题自古以来就存在，随着人口增长、经济发展，人与自然环境的矛盾日益突出，人类开始寻求解决环境问题的途径。20世纪20年代，人们开始将环境与经济结合起来进行研究。到60年代末期环境经济学诞生，70年代末期传入我国。随着我国社会主义市场经济体制的建立与发展，环境经济学在我国得到了迅速发展。我国经济步入新常态，更注重经济发展、社会进步和环境保护这三者的协调，这与环境经济学的"绿色发展、低碳发展、循环发展"理念相吻合，为环境经济学的创新发展带来了机遇。环境经济学研究的主题是环境保护与经济发展的关系，在环境经济分析、环境经济评价、环境经济决策、环境经济政策等方面发挥着重要作用。

本书是根据多年环境经济学教学经验，以教案为素材编写的，是普通高等学校环境类专业、经济类专业本科生的教学参考书。本书汇集众多环境经济学教材的精华，吸收国内外环境经济研究的最新成果，以简单易懂的方式，尽量避免复杂的经济学模型，将经济学理论与环境科学知识紧密结合，使学生通过学习达到"用经济学的思考方法探讨解决环境问题"的目的。本书由环境经济学绪论、环境经济学理论体系、环境经济评价方法、环境经济政策与实践四大部分，共十四章组成。

本书是集体努力的成果。参加编写的人员有：乌云嘎（第二章、第六章、第九章、第十章）、金良（第五章、第七章、第八章）、关海波（第十一章、第十二章、第十三章）、张文娟（第一章、第十三章部分、第十四章）、乌日嘎（第三章、第四章）。乌云嘎、金良负责全书统稿。本教材在编写的过程中，参考了国内外专家、学者的相关研究成果。同时本教材的编写也得到了内蒙古哲学社会学规划项目"基于民族地区发展特色的人口资源与环境经济学学科建设"（2016NDA038）的支持。在此表示衷心的感谢。

1

目　录
CONTENTS

第Ⅰ部分　环境经济学绪论

第一章　环境问题概述

在讨论环境经济学时，我们首先需要了解其主要研究对象——"环境问题"。环境问题其实并不是到了近代才出现的问题，但是"环境问题"被关注是从近代工业革命所引发的"公害"事件开始。"公害"事件发生以来，环境问题就被视为地区性重大问题，并不断升级与扩大，从地区性重大问题上升至全球性重大问题，直接威胁到人类的生存。这一章主要以"环境问题"的演化为主线，概述环境问题的起源，介绍典型的环境问题，探讨全球性环境问题的解决渠道。

第一节　环境问题的起源

环境问题一般指由于自然界或人类活动作用于人们周围的环境引起环境质量下降或生态失调，以及这种变化反过来对人类的生产和生活产生不利影响的现象。人类在改造自然环境和创建社会环境的过程中，自然环境仍以其固有的自然规律变化着。社会环境一方面受自然环境的制约，另一方面也以其固有的规律运动着。人类与环境不断地相互影响和作用，产生环境问题。日常的生活生产活动所带来的环境污染问题，并不是一个新的问题，它从远古时期就伴随着人类活动，困扰着我们。

中世纪的欧洲都市因为上下水道设施的不完善导致大规模鼠疫的发生，威胁了当地居民的健康与生命。这虽然是市政卫生管理的问题，但同时也是环境管理的问题。相似的案例历史上有很多记载，人们在生活生产的过程中对周围环境造成污染，同时污染又威胁到人类自身的健康与生存，这就是最简单的环境问题。

进入近代工业革命时期这种污染升级，伴随着工业生产产生了大量的对环境有害的物质，对环境造成了不可逆转的污染。这些物质大体可分为两类：一类是通常自然界没有的或者量小的有毒物质，例如铅、水银、镉等组成的化合物；光化学烟雾剂；各种致癌性物质；硫黄酸化合物等物质。另外一类是物质本身无毒无害，但因为量的增加而对生态系统、人类健康产生影响的物质，如氟、二氧化碳、甲烷等。

这些物质会随着大气或水流而扩散。前者的有害物质的扩散，被称为"污染"，如大气污染、水污染等。后者所提的本身无害的物质，例如氟、二氧化碳、甲烷等一般不能称之为"污染"，这些物质对人类的生活产生负面影响的机制是间接的、复杂的。如氟这一物质，其本身是无害的，但是由于其量多时会破坏大气的臭氧层，而臭氧层是阻隔紫外线直接照射的重要物质，臭氧层的破坏会使紫外线直接辐射，对人类健康以及生态系统带来危害。还有大家提到的"温室效应"也是典型的案例。地球大气中起温室作用的气体称为温室气体，主要有二氧化碳（CO_2）、甲烷、臭氧、一氧化二氮、氟利昂以及水汽等。它们几乎吸收地面发出的所有的长波辐射，其中只有一个很窄的区段吸收很少，因此称为"窗区"。地球主要正是通过这个窗区把从太阳获得的热量中的70%又以长波辐射形式返还宇宙空间，从而维持地面温度不变，温室效应主要是因为人类活动增加了温室气体的数量和品种，使这个70%的数值下降，留下的余热使地球变暖的。这一效应会影响全球的气候变化，被称为"全球气候变暖"。但这一说法并不准确，从地球表面温度升高这一意义上来说可以说是全球变暖，实际上随着地球表面温度的升高引发了诸多的气候变化，如局部地区温度下降甚至带来寒流天气，除此之外还有湿度、降雨频率发生突变；风向变化；海水流向变化；海平面上升；等等。这些气象的异常变化，被统称为"气候变化"。无论是臭氧层的破坏还是气候变化，都已不是一个局部区域的问题，已经成为全球关注的问题，因此被称为"全球环境问题"。

综上所述，环境问题的发展大致经历了环境问题萌芽阶段（工业革命以前）、环境问题发展恶化阶段（工业革命至20世纪50年代前）、环境问题的第一次高潮期（20世纪50年代至80年代以前）、环境问题的第二次高潮（20世纪80年代以后）四个阶段。

第二节　典型的环境问题

如上所述，环境问题是自古就存在的问题，然而被人们所关注，成为一个重要的社会问题的契机却是"公害事件"的发生。

一、公害

公害基本上可以说是世界所有工业国家在其快速工业化发展的过程中普遍经历过的惨痛经历。在第一次产业革命以前，由于人类干预自然界的能力低，环境污染和生态破坏只是局部的、小规模的、不明显的。产业革命以后，随着社会生产力的迅速发展，人口的急剧增长，人类社会活动的规模不断扩大，向自然索取的能力和对自然环境干预的能力也越来越大，资源消耗和排放废弃物大量增加，加上人们认识上的局限性和主观上不注意保护，致使环境问题越来越严重，污染事件频频发生，对人类生命和财产安全以及社会经济发展构成了严重威胁。

以下介绍世界著名的"八大公害"，这些震惊世界的公害事件，充分说明了环境问题的严重性和极大的危害性。

1. 比利时马斯河谷烟雾事件

发生于1930年比利时的马斯河谷工业区，由于二氧化硫和粉尘污染对人体造成综合影响，一周内有近 60 人死亡，数千人患呼吸系统疾病。

2. 美国洛杉矶光化学烟雾事件

发生于 1943 年美国洛杉矶，当时该市的 200 多万辆汽车排放出大量的尾气，在紫外线照射下形成光化学烟雾，大量居民出现眼睛红肿、流泪、喉痛等症状，死亡率大大增加。

3. 美国多诺拉烟雾事件

发生于 1948 年美国宾夕法尼亚州的多诺拉镇，因炼锌厂、钢铁厂、硫酸厂排放的二氧化硫及氧化物和粉尘造成大气严重污染，使 5900 多名居民患病。事件发生的第一天有 17 人死亡。

4. 英国伦敦烟雾事件

发生于 1952 年英国伦敦，由于冬季燃煤排放的烟尘和二氧化硫在浓雾中积聚不散，头两个星期死亡 4000 人，以后的两个月内又有 8000 多人死亡。

5. 日本四日市哮喘病事件

发生于 1961 年前后的日本四日市，由于石油化工和工业燃烧重油排放的废气严重污染大气，引起居民呼吸道病症剧增，尤其是使哮喘病的发病率大大提高，50 岁以上的老人发病率约为 8%，死亡 10 多人。

6. 日本水俣病事件

发生于 1953～1956 年日本熊本县水俣市，因石油化工厂排放含汞废水，人们食用了被汞污染和富集了甲基汞的鱼、虾、贝类等水生生物，造成大量居民中枢神经中毒，死亡率达 38%，汞中毒者达 283 人，其中 60 多人死亡。

7. 日本富山痛痛病事件

发生于 1955～1972 年日本富山县神通川流域，因锌、铅冶炼厂等排放的含镉废水污染了河水和稻米，居民食用后而中毒，1972 年患病者达 258 人，死亡 128 人。

8. 日本爱知米糠油事件

发生于 1968 年日本北九州市、爱知县一带，因食用油厂在生产米糠油时，使用多氯联苯作脱臭工艺中的热载体，这种毒物混入米糠油中被人食用后中毒，患病者超过 10000 人，16 人死亡。

以上所说的"公害"，通过诉讼或行政干预已经得到治理，基本不复存在。公害发生初期需要探寻发生的原因，一旦得知原因，采用技术对策并不是一件很困难的事情。因为危害健康，所以一旦发生无论投入多少成本也要根除其污染源，这样的决策人们是很容易接纳和理解的，但是对于将来可能发生的危害，采取防御措施时人们就会犹豫，使得环境问题的解决变得困难重重。

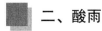

二、酸雨

酸雨是指 pH 小于 5.6 的雨雪或其他形式的降水。雨、雪等在形成和降落过程中，吸收并溶解了空气中的二氧化硫、氮氧化合物等物质，形成了 pH 低于5.6 的酸性降水。酸雨主要是人为地向大气中排放大量酸性物质所造成的。酸雨的危害主要有以下几种。

1. 酸雨可导致土壤酸化

土壤中含有大量铝的氢氧化物，土壤酸化后，可加速土壤中含铝的原生和次生矿物风化而释放大量铝离子，形成植物可吸收的形态铝化合物。植物长期和过量地吸收铝，会中毒，甚至死亡。

2. 酸雨导致土壤贫瘠化

酸雨能加速土壤矿物质营养元素的流失，在酸雨的作用下，土壤中的营养元素钾、钠、钙、镁会流失，并随着雨水被淋溶掉。所以长期的酸雨会使土壤中大量的营养元素被淋失，造成土壤中营养元素的严重不足，从而使土壤变得贫瘠，改变土壤结构，导致土壤贫瘠化，影响植物正常发育。

3. 酸雨导致农作物减产

酸雨还能诱发植物病虫害，使农作物大幅度减产，特别是小麦，在酸雨影响下，可减产13%～34%。大豆、蔬菜也容易受酸雨危害，导致蛋白质含量和产量下降。

4. 酸雨抑制林木生长

酸雨对森林的影响在很大程度上是通过对土壤的物理化学性质的恶化作用造成的。酸雨可抑制某些土壤微生物的繁殖，降低酶活性，土壤中的固氮菌、细菌和放线菌均会明显受到酸雨的抑制。此外，酸雨能使土壤中的铝从稳定态中释放出来，使活性铝的增加而有机络合态铝减少。土壤中活性铝的增加能严重地抑制林木的生长。

5. 酸雨腐蚀建筑物

酸雨能使非金属建筑材料（混凝土、砂浆和灰砂砖）表面硬化水泥溶解，出现空洞和裂缝，导致强度降低，从而损坏建筑物。酸雨使建筑材料变脏、变黑，影响城市市容和城市景观，被人们称之为"黑壳"效应。

酸雨危害是多方面的，包括对人体健康、生态系统和建筑设施都有直接和潜在的危害。酸雨可使儿童免疫功能下降，慢性咽炎、支气管哮喘发病率增加，同时可使老人眼部、呼吸道患病率增加。

十多年来，由于二氧化硫和氮氧化物的排放量日渐增多，酸雨的问题越来越突出。我国已是仅次于欧洲和北美的第三大酸雨区。年均 pH 值低于5.6 的区域面积已占我国国土面积的40%左右。我国的酸雨化学特征是 pH 值低，硫酸根（SO_4^{2-}）、铵（NH_4^+）和钙（Ca_2^+）离子浓度远远高于欧美，而硝酸根（NO_3^-）浓度则低于欧美。我国的酸雨是硫酸型的，主要是人为排放 SO_2 造成的。所以，治理好我国的 SO_2 排放对我国的酸雨的治理有着决定性的作用。

世界上酸雨最严重的欧洲和北美许多国家在遭受多年的酸雨危害之后，终于都认识到，大气无国界，防治酸雨是一个国际性的环境问题，不能依靠一个国家单独解决，必须共同采取对策，减少硫氧化物和氮氧化物的排放量。经过多次协商，1979 年11 月在日内瓦举行的联合国欧洲经济委员会的环境部长会议上，通过了《控制长距离越境空气污染公约》，并于 1983 年生效。

关于国际公约的问题我们将在下一节进行讨论。

 ### 三、气候变化

气候变化是指长时期内气候状态的变化，通常用不同时期的温度和降水等气候要素的统计量的差异来反映。变化的时间长度从最长的几十亿年至最短的年际变化。在《联合国气候变化框架公约》中，气候变化是指经过相当一段时间的观察，在自然气候变化之外由人类活动直接或间接地改变全球大气组成所导致的气候改变。气候变化主要表现为三方面：全球气候变暖、酸雨、臭氧层破坏。

气候变化的原因可能是自然的内部进程，或是外部强迫，或者是人为地持续对大气组成成分和土地利用的改变。既有自然因素，也有人为因素。在人为因素中，主要是由于工业革命以来人类活动特别是发达国家工业化过程的经济活动引起的。化石燃料燃烧和毁林、土地利用变化等人类活动所排放温室气体导致大气温室气体浓度大幅增加，温室效应增强，从而引起全球气候变暖。

过去 100 多年间，人类一直依赖石油、煤炭等化石燃料来提供生产生活所需的能源，燃烧这些化石能源排放的二氧化碳等温室气体是使得温室效应增强，进而引发全球气候变化的主要原因。还有约 1/5 的温室气体是由于破坏森林、减少了吸收二氧化碳的能力而造成的。另外，一些特别的工业过程、农业畜牧业也会有少许温室气体排放。

气候变化导致灾害性气候事件频发，冰川和积雪融化加速，水资源分布失衡，生物多样性受到威胁。气候变化还引起海平面上升，沿海地区遭受洪涝、风暴等自然灾害影响更为严重，小岛屿国家和沿海低洼地带甚至面临被淹没的威胁。气候变化对农、林、牧、渔等经济社会活动都会产生不利影响，加剧疾病传播，威胁社会经济发展和人类身体健康。据政府间气候变化专门委员会报告，如果温度升高超过 2.5℃，全球所有区域都可能遭受不利影响，发展中国家所受损失尤为严重。如果升温 4℃，则可能对全球生态系统带来不可逆的损害，造成全球经济重大损失。气候变化已经不再是单纯的某一国家、某一地区的问题，而是威胁人类生存的全球性问题。

人类解决环境问题的实践大致经历了简单禁止、末端治理、综合措施几个阶段。随着解决环境问题实践不断深入，人们逐渐发现，环境问题涉及面广，解决环境问题需要运用法律手段、经济手段、行政手段、技术手段、教育手段等综合措施，尤其涉及国际环境问题更是错综复杂，我们将在下一小节具体讨论全球性环境问题的解决路径。

第三节　国际环境问题

全球环境问题，也称国际环境问题或者地球环境问题，指超越主权国国界和管辖范围的全球性的环境污染和生态平衡破坏问题。其含义为：第一，有些环境问题在地球上普遍存在。不同国家和地区的环境问题在性质上具有普遍性和共同性。如气候变化、臭氧层的破坏、水资源短缺、生物多样性锐减等。第二，虽然是某些国家和地区的环境问题，但其影响和危害具有跨国、跨地区的结果。如酸雨、海洋污染、有毒化学品和危险废物越境转移等。当前，普遍引起全球关注的环境问题主要有全球气候变化、酸雨污染、臭氧层耗损、有毒有害化学品和废物越境转移和扩散、生物多样性的锐减、海洋污染等。还有发展中国家普遍存在的生态环境问题，如水污染和水资源短缺、土地退化、沙漠化、水土流失、森林减少等。

一、国际环境问题的特点

全球环境问题虽然是各国各地环境问题的延续和发展，但它不是各国家或地区环境问题的总和，因而在整体上表现出其独特的特点：

1. 全球化

过去的环境问题虽然发生在世界各地，但其影响范围、危害对象或产生的后果主要集中在污染源附近或特定的生态环境中，其影响空间有限。而全球性环境问题，其影响范围扩大到全球。主要因为：一是一些环境污染具有跨国、跨地区的流动性，如一些国际河流，上游国家造成的污染，可能危及下游国家；一些国家大气污染造成的酸雨，可能会降到别国等。二是当代出现的一些环境问题，如气候变暖、臭氧层空洞等，其影响的范围是全球性的，它们产生的后果也是全球性的。三是当代许多环境问题涉及高空、海洋甚至外层空间，其影响的空间尺度已远非农业社会和工业化初期出现的一般环境问题可比，具有大尺度、全球性的特点。

2. 综合化

过去，人们主要关心的环境问题是环境污染对人类健康的影响问题。而全球环境问题已远远超过这一范畴而涉及人类生存环境和空间的各个方面，如森林锐减、草场退化、沙漠扩大、沙尘暴频繁发生、大气污染、物种减少、水资源危机、城市化问题等，已深入人类生产、生活的各个方面。因此，解决当代全球环境问题不能只简单地考虑本身的问题，而是要将区域、流域、国家乃至全球作为一个整体，综合考虑自然发展规律、贫困问题的解决与经济的可持续发展、资源的合理开发与循环利用、人类人文和生活条件的改善与社会和谐等问题，这是一个复杂的系统工程，要解决好，需要考虑各方面的因素。

3. 社会化

过去，关心环境问题的人主要是科技界的学者、环境问题发生地受害者以及相关的环境保护机构和组织，如绿色和平组织等。而当代环境问题已影响到社会的各个方面，影响到每个人的生存与发展。因此，当代环境问题已绝不是限于少数人、少数部门关心的问题而成为全社会共同关心的问题。

4. 高科技化

随着当代科学技术的迅猛发展，由高新技术引发的环境问题越来越多。如核事故引发的环境问题、电磁波引发的环境问题、噪声引发的环境问题、超音速飞机引发的臭氧层破坏、航天飞行引发太空污染等，这些环境问题技术含量高、影响范围广、控制难、后果严重，已引起世界各国的普遍关注。

5. 累积化

虽然人类已进入现代文明时期，进入后工业化、信息化时代，但历史上不同阶段所产生的环境问题，在当今地球上依然存在并影响久远。同时，现代社会又产生了一系列新的环境问题。因为很多环境问题的影响周期比较长，所以形成了各种环境问题在地球上日积月累、组合变化、集中爆发的复杂局面。

6. 政治化

随着环境问题的日益严重和全社会对环境保护认识的提高，各个国家也越来越重视环境保护。因此，当代的环境问题已不再是单纯的技术问题，而成为国际政治、各国国内政治的重要问题。总之，环境问题已成为需要国家通过其根本大法、国家规划和综合决策进行处理的国家大事，成为评价政治人物、政党的政绩的重要内容，也已成为社会环境是否安定、政治是否开明的重要标志之一。

二、国际环境问题解决路径

根据以上所述，解决国际环境问题的方法和措施在很大程度上不同于国内环境问题。因为没有一个国际权威机构能够控制跨国环境问题，这类问题的解决在很大程度上需要国际合作条约。大多数国际公约是各国自愿加入的，因此对国际环境政策的权威性和有效性构成了挑战。在解决国际环境问题方面，世界各国在积极探索。

国际社会自 20 世纪 80 年代起开始寻求气候变化的有效对策并在联合国主持下先后谈判制定了《联合国气候变化框架公约》和《京都议定书》。《公约》于 1991 年通过并于 1994 年生效，确立了"将大气中温室气体浓度稳定在防止气候系统受到危险性人为干扰的水平"的最终目标，要求国际社会按照"共同但有区别的责任"原则，积极采取行动减少温室气体排放。《议定书》于 1997 年通过并于 2005 年生效，进一步为发达国家规定了量化减排义务，要求它们在第一承诺期内（2008 年至 2012 年），实现温室气体排放总量在 1990 年基础上至少减少 5% 的目标。

2007 年，在印尼巴厘岛举行的联合国气候变化会议启动了一个为期两年的巴厘路线图谈判进程，目的是进一步加强 2012 年后应对气候变化国际合作，防止《议定书》第一、第二承诺期之间出现空当。巴厘路线图谈判进展非常缓慢、历程极度曲折。2008 年的波兹南会议未能取得任何实质进展。2009 年的哥本哈根会议形成了不具正式法律地位的《哥本哈根协议》。2010 年的坎昆会议在《哥本哈根协议》的基础上，形成了巴厘路线图谈判阶段性成果《坎昆协议》。

2011 年底召开了德班会议，启动新的谈判进程，目标是在 2015 年达成一个 2020 年后适用于所有国家并具有法律效力的全球减排协议。2015 年 11 月 30 日在巴黎举行了气候大会，全球 196 个缔约国一致同意通过《巴黎协定》，并对国家自主贡献、适应机制、损失损害、资金机制、能力建设、透明度、全球盘点、市场机制等内容做出了系统性安排。《巴黎协定》是全球气候治理史上的重要里程碑，释放出全球经济向低碳转型的强劲信号，这一协定的达成，为国际社会探索务实合作、包容共鉴的全球治理模式提供了有益借鉴。

除此之外，世界范围内还有很多双边和多边框架下的应对气候变化合作，如 2014 年《中美气候变化联合声明》、2015 年《中欧气候变化联合声明》《G20 能源效率行动计划》《二十国集团领导人安塔利亚峰会公报》等。可以预见，为了人类共同的利益，世界各国最终将携手应对，解决日益紧迫的国际环境问题。

三、环境问题的实质是经济问题

从以上对环境问题的成因探索，我们可以看出环境问题的实质就是经济问题。

首先，环境问题是经济发展的"副产品"。目前，人类关注的环境问题是伴随经济的发展而逐渐形成的。

其次，环境问题会造成严重的经济损失。环境问题的日益恶化，会对社会经济造成严重的损失。

最后，环境问题的最终解决还依赖于经济的不断发展。我们不能通过停止经济发展来解决环境问题，而只能通过经济发展来解决环境问题。

环境问题是个经济问题，解决环境问题必须从经济方面入手。从经济学角度分析环境问题产生的原因、危害，并提出解决环境问题的对策是一种积极的思路。

第二章 环境经济学的产生与发展

环境经济学是人类解决环境问题实践过程中形成的一门新兴学科，本章将对环境经济学的产生、发展、研究对象、研究内容等问题进行分析。

第一节 环境经济学的产生以及在我国的发展

环境经济学的理论渊源可以追溯到 20 世纪初，意大利社会学家兼经济学家帕累托从经济伦理的意义上探讨资源配置的效率问题，并提出了著名的"帕累托最优"理论，这一思想后来被环境与自然资源经济学奉为圭臬。

 一、环境经济学的产生

20 世纪 20 年代至 30 年代，由马歇尔提出，庇古等人做出了重要贡献的外部性理论，为人们分析、解决环境问题提供了新的思路，为环境与自然资源经济学的建立和发展奠定了理论基础。

20 世纪 50 年代，发达国家严重的环境污染激起了强烈的社会抗议，引起许多经济学家和生态学者把环境和生态科学的内容引入经济学研究中。许多经济学家和自然科学家一起协商防治污染和保护环境的对策，估量污染造成的经济损失，比较防治污染的费用和效益，从经济角度选择防治污染的途径和方案，有的还把控制污染纳入投入—产出经济分析表中进行研究。这样，70 年代初在欧美等发达国家形成了污染经济学，在日本形成了公害经济学，阐述防治环境污染的经济问题。

1972 年 6 月 5 日，在瑞典的斯德哥尔摩召开了联合国人类环境会议正式提出了"只有一个地球"的口号，并通过了《联合国人类环境会议宣言》，这次会议是人类环境保护史上的重要里程碑，会议初步阐述了发展与环境的关系，指出环境问题不仅是一个技术问题，也是一个重要的经济问题，不能只用自然科学的方法解决污染，而且还要用一种更完善的方法，从发展过程中去解决环境问题。人类环境会议扩展了人们对环境问题的认识，环境问题不仅仅是环境污染问题，还包括生态破坏问题。随着人们对环境问题以及环境与经济关系认识的不断深入，在发达国家形成了一门新的学科，即环境经济学。

环境经济学在创立和发展的过程中，既从新古典经济学中获得了大量理论支持，同时也融合和借鉴了与环境问题相关的自然科学中的概念和方法，形成了综合经济学和自然科学概念的体系。

为了适应社会需求的变化，各国政府纷纷建立了环境保护行政主管部门，代表国家行驶管理环境的职能。但是，保护环境要有政策和管理手段，需要投资。而什么样的政策和手段最有效，保护环境需要花多少钱，谁来出这笔钱，怎么花这些钱等一系列问题都要求环境经济学家来研究给出答案。

二、环境经济学在我国的发展

20 世纪 70 年代末期，环境经济学被引入我国，并得到了较快的发展。环境经济学在我国的发展大致可分为三个阶段：

1. 起步阶段（1982 年以前）

1978 年在太原召开了制定环境经济学和环境保护技术经济八年发展规划（1978 ~ 1985 年）的会议，把环境经济学、环境管理和环境工程等列入了规划。

1978 年底在北京召开了全国经济科学发展规划会议，会议上提出了要建立和发展我国的社会主义环境经济学，并将其纳入了规划。

1979 年 3 月在成都成立了中国环境科学学会，将建立和发展环境经济学列入为一项重要任务。

1980 年 2 月在太原召开了中国环境管理、经济与法学学会成立大会，并进行了学术交流，勾画出了环境经济学的主要框架，为我国以后环境经济学的研究奠定了基础。

1981 年 7 月在江苏镇江召开了全国环境经济学术讨论会，对环境保护在国民经济中的地位和作用、环境政策和环境技术经济政策、环境保护指标体系、环境保护的经济效果、环境管理经济手段的适用等方面的问题进行了研究和探讨，并对国外广泛应用的环境费用效益分析、投入产出法等方法做了系统的介绍和讨论，推动了环境经济学的研究。

2. 缓慢发展阶段（1982 ~ 1992 年）

在这一时期，我国的经济体制是计划经济，行政管理是国民经济管理的主要方式。人们对环境经济学的热情并不高，环境经济学的发展非常缓慢，相关研究成果很少。

1982 年 2 月 5 日国务院颁布了《征收排污费暂行办法》，标志着我国正式实施排污收费制度。排污收费制度是环境经济学理论在环境保护工作中的具体应用。

3. 快速发展时期（1992 年至今）

随着我国社会主义市场经济体制的建立与完善，环境经济学得到了快速的发展。具体表现在：

一是初步建立了中国的环境经济学科体系。一门学科成熟的标志之一就是拥有逻辑一致的理论框架。环境经济学作为环境科学与经济学的结合产物，它的理论基础是经济学和生态学基本理论。这一时期通过大量引进国外的环境经济学理论和国内的环境经济学研究，初步建立了中国的环境经济学学科体系。

二是环境经济学著作大量出版。环境经济学著作是环境经济理论的系统表述，近几十年来，国内环境经济学专著、教科书的出版情况令人鼓舞。1992年张兰生等编著了我国第一本环境经济学教科书《实用环境经济学》以来，大量的环境经济学专著、教科书、译著被出版发行，推动了我国的环境经济学研究与教学。

三是环境经济学的应用领域不断拓展。环境经济学广泛应用于环境保护及经济建设之中，如进行环境经济分析、环境经济决策、制定环境经济政策等。

四是组织机构日益完善。在"中国环境管理、经济与法学学会"的基础上，2004年成立了"中国环境科学学会环境经济学专业委员会"，挂靠在中国环境规划院，并获得了民政部颁发的社会团体分支机构登记证书。

第二节　环境经济学的研究领域与发展

环境经济学是运用经济学和环境学的理论和方法，分析经济发展和环境保护的相互关系，以及经济再生产、人口再生产和自然再生产三者之间的关系，选择经济、合理的物质变换方式，以便用最小的劳动消耗为人类创造清洁、舒适、优美的生活和工作环境，实现经济、社会与环境的协调发展。

一、环境经济学的研究对象

环境经济学的研究对象是客观存在的环境经济系统。社会经济的再生产过程，包括生产、流通、分配和消费，它不是在自我封闭的体系中进行的，而是同自然环境有着紧密的联系。自然界提供资源，而劳动则把资源变为人们需要的生产资料和生活资料。社会经济再生产的过程，就是不断地从自然界获取资源，同时又不断地把各种废弃物排入环境的过程。人类经济活动和环境之间的物质变换，说明社会经济的再生产过程只有既遵循客观经济规律又遵循自然规律才能顺利地进行。环境经济学就是研究合理调节人与自然之间的物质变换，使社会经济活动符合自然生态平衡和物质循环规律，不仅能取得近期的直接效果，又能取得远期的间接效果。

传统的经济系统模型以环境的无限供给为假设前提，将环境资源作为一种外生的、可以无限供给的充裕资源，不进入经济系统分析过程，不纳入生产函数和消费函数。但是随着经济社会的发展，我们意识到环境资源是一种稀缺的资源，对环境资源配置和利用方式的选择会影响经济发展。因此，环境经济学将环境资源看作一种稀缺的生产要素，纳入生产函数，把环境看作是经济系统的一部分。环境经济学研究的实质就是运用经济学的方法和工具来分析如何实现自然资源和环境资源的有效配置和利用，以实现可持续的经济增长。环境经济系统如图 2 - 1 所示。

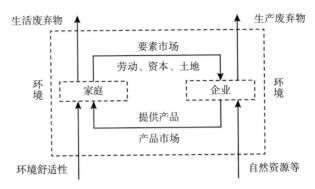

图 2 - 1 环境经济系统示意图

 二、环境经济学的研究方法

环境经济学定位于经济学科，就是要运用经济学的基本原理和方法，分析和研究环境保护与经济发展的关系，最大限度地利用经济手段，实现经济的可持续发展，实现总体效益的最大化。但是，环境经济学是主要研究人与自然关系的经济学，其研究必须基于环境科学的研究。没有经济学理论与分析工具作为基础，环境经济学就偏离了学科的本源，环境经济学得以存在和发展的理由就在于经济学理论和方法在解决环境问题方面的有效性。如果没有环境科学知识做支撑，闭门造车的研究环境经济则会使其研究失去根基。环境经济学研究，就是运用经济学思维和经济学工具对环境科学的发现进行分析、归纳、总结和判断。环境经济学的发展需要经济学和环境科学的紧密结合。

三、环境经济学的研究领域

综观环境经济学的发展历程，其内容基本包括以下五个领域。

1. 环境与经济的相互作用关系的研究

环境与经济的相互作用问题是环境经济学中一个历史最悠久的研究领域，也是环境经济学的理论基础。

20 世纪 60 年代中期，鲍尔丁提出了"太空船地球经济学"，指出首先根据热力学第一定律，生产和消费过程中产生的废弃物，其物质形态并没有完全消失，必然存在于物质系统之内。因此，在设计和规划经济活动时，必须同时考虑环境吸纳废弃物的容量；其次，虽然回收利用可以减轻对环境的压力，但根据热力学第二定律，不断增加的熵意味着 100% 的回收利用是不可能的。

20 世纪 70 年代初期克尼斯、艾瑞斯和德阿芝提出了"物质平衡模型"，他们依然根据热力学第一定律的物质平衡关系，对传统的经济系统进行了分析，首次从经济学的角度指出了环境污染的实质，并且勾勒了使用经济手段管理环境的前景。物质平衡理论的主要思想如下：

（1）一个经济系统由物质加工、能量转换、残余物处理和最终消费四个部门组成。这四个部门之间，以及由这四个部门组成的经济系统与自然环境之间，存在着物质流动关系。

（2）如果这个经济系统是封闭的，没有物质净积累，那么一个时间段内，从经济系统排入自然环境的残余物的物质量必然大致等于从自然环境进入经济系统的物质量。这个结论的推论是经济系统排放的残余物要大于生产过程利用的原材料量。因为生产和消费过程中的许多投入（例如，水和大气），通常是不被作为原材料考虑的。

（3）上述思想也同样适用于一个开放的、有物质积累的现代经济系统，只是分析和计算更为复杂。

（4）现代经济系统中虽然越来越多地使用污染控制技术，但是应当清醒地认识到，"治理"污染物只是改变了特定污染物的存在形式，并没有消除也不可能消除污染物的物质实体。例如，治理气体污染物，使排放的气体变得清洁，但是却留下了粉尘等固体污染物。这表明，各种残余物之间存在相互转化关系。

（5）为了在保证经济不断发展的同时，减少经济系统对自然环境的污染，最根本的办法是提高物质和能量的利用效率和循环使用率，减少自然资源的开采量和使用量，降低污染物的排放量。

物质平衡理论的思想表明，由于物质流动关系的存在，外部不经济性是现代经济系统所固有的现象。如果我们把环境也视为稀缺资源，那么就必须对一般均衡模型进行修正，即环境作为一个部门加入经济系统的投入产出分析，找出系统的物质平衡关系。这种关系向我们揭示了环境污染的经济学原因正是环境资源的免费使用，而解决环境污染的经济学方法也正是环境资源的合理定价和有偿使用。

1972年由梅多斯等人撰写的《增长的极限》一书出版后，引起了人们的担忧，地球上的资源还能够支持我们发展多少年？之后戴利提出了技术进步的观点，他认为零增长的观点没有考虑技术替代或技术进步的重要作用，自然资源的耗竭是一个渐进的过程，不会某天早晨突然发生，当某种资源开始稀缺时，对该种资源的利用效率就会提高，寻找或开发替代品的工作也会开始，以此应对资源耗竭的危机。

产权问题一直是经济学界关心的话题，对此戴尔斯在"产权界面"一文中讨论了公共物品或者产权不明晰的资源问题，提出了令人深思的问题，即为什么猪和牛不会像鲸那样成为濒危物种？他从产权的角度提出了排污权交易的设想。

2. 环境价值评估及其作用的研究

环境价值评估是环境经济学建立以来发展最快的一个领域。评估环境的价值主要有两个目的：一是完善经济开发和环境保护投资的可行性分析；二是为制定环境政策、实施环境管理提供决策依据。许多环境资源没有市场价格，评估环境价值的难点就是如何给没有市场价格的环境资源赋予货币价值，即环境价值货币化。

在实际应用中，经济评价的作用主要表现在以下五个方面：①表明环境与自然资源在国家发展战略中的重要地位；②修正和完善国民经济核算体系；③确定国家、产业和部门的发展重点；④评价国家政策、发展规划和开发项目的可行性；⑤参与制定国际、国家和区域可持续发展战略。

1967 年克鲁蒂拉提出了"舒适型资源的经济价值理论"。在此之前，许多经济学家虽然已经研究过自然资源的合理利用问题，但主要是关于适度的开发速率和开发规模，实现资源在长期时间范围内的最优配置，涉及的主要是可耗竭的矿产资源，如石油、煤炭、矿石等。克鲁蒂拉对于一些稀有的生物物种、珍奇的景观、重要的生态系统进行研究，提出了"舒适型资源"的概念，并认为出于科学研究、生物多样性保护和不确定性等原因，保护舒适型资源，或者把对其的使用严格限制在可再生的限度之内是十分必要的。舒适型资源的价值由利用价值、选择价值和存在价值构成。当代人直接或间接利用舒适型资源获得的经济效益是舒适型资源的"利用价值"；当代人为了保证后代人能够利用而做出的支付和后代人因此而获得的效益，是舒适型资源的"选择价值"；人类不是出于任何功利的考虑，只是因为资源的存在而表现出的支付意愿是舒适型资源的"存在价值"。这一理论为后来定量评价舒适型资源的经济价值奠定了理论基础。

3. 管理环境的经济手段领域

管理环境的政策手段大致可以分为命令控制型和市场激励（经济手段）型两大类。前者主要是各类环境标准和强制执行的规章，后者主要是各种环境税费和可交易的许可证。

利用经济手段管理环境的思想由来已久。早在 20 世纪 20 年代，庇古提出了用征收排污费或排污税的方式来纠正环境污染的外部不经济性。但是在现实中，很难达到最优收费水平，决策者们更关心的是如何达到一个可接受的环境污染水平。之后 1960 年科斯提出了"产权理论"，经济学界开始讨论政府干预的必要性。科斯定理的基本假设是如果交易成本为零，不论产权的初始状态如何，私人交易总能实现资源的最优配置。由于市场的不完备，适当的政府干预仍然是必要的。

进入 20 世纪 80 年代以来，环境管理与政策领域的研究重点主要包括两方面的内容：一是如何在命令控制型政策和经济手段之间做出选择；二是需要什么形式的政府干预。在环境管理的实践中，大多数国家倾向于使用命令控制型政策。但是近年来越来越多的国家开始使用经济手段。对于采用哪一种经济手段管理环境，经济学界也有不同的观点。以庇古税为基础的排污税或排污费，主要是通过政策手段调节市场。基于科斯理论，由戴尔斯最早提出的可交易的许可证，其基础是一个新建立的排污权交易市场。环境质量由排污许可证的供给来保证，是可调节的，持证的排污者可以根据市场价格，决定买入或者出售许可证。一般来说在美国排污权交易比较通行，在欧洲和日本排污税费比较普遍。

4. 环境保护与可持续发展领域

人类经历了两次环境意识革命。第一次是在 20 世纪 60 年代末和 70 年代初，当时人们认识到有限的环境容量最终可能成为"增长的极限"，因此忧心忡忡。第二次是进入 20 世纪 80 年代以后，人类关注的焦点转移到如何协调经济增长和环境改善的关系，这种环境意识的进步最终导致可持续发展观念的形成。最早提出可持续发展观念的是世界自然保护同盟（IUCN）在 1980 年发表的报告《世界自然保护战略：面向可持续发展的生命资源保护》。

1987 年，布伦特兰委员会的报告《我们共同的未来》真正把可持续发展推上了国际舞台。该报告认为，在大多数发展中国家，还在以自然资源和环境投入来推动国民经济的增长。从本质上说，经济与环境是可以相互协调的，传统的经济增长模式应当改革，新的发展战略应当建立在可持续的环境资源基础之上。该报告强调，为了实现可持续发展目标，经济效率是重要的，同时，也强调要公正分配发展的效益，代内和代际的社会公平是实现可持续发展的基本目标和前提。

环境经济学家认为，为了落实和实施可持续发展准则，应该：①评估环境费用和效益的经济价值；②保护重要的自然资源；③避免不可逆转的损害；④把可再生资源的利用限制在可持续产出的范围内；⑤制定环境物品的"绿色"价格。

5. 国际环境问题

在环境经济学发展的大部分时间里，其研究领域一直限于一个国家的范围之内。但是环境问题的恶化已经不再限于某一地区或者某一国家，如第一章提到的温室气体排放、臭氧层破坏、生物多样性减少和酸雨等都是国际环境问题。

解决国际环境问题的方法和措施在很大程度上不同于国内环境问题。国际合约的约束性、博弈性都对国际环境政策的权威性和有效性构成了挑战。也是环境经济学领域研究的重点内容之一。

 四、环境经济学的发展趋势

环境经济学是一门快速发展的新兴学科，通过几十年的发展历史表明，环境经济分析已经呈现出了各种令人鼓舞的前景，这可以从最近出版的大量教科书、专论、期刊、各种学术讨论会以及相关国际项目中得到证实。这意味着环境经济研究正逐步走向成熟，其加速增长的势头也反映了环境经济分析的丰硕成果。具体表现为：一是随着主流经济学的发展，环境经济学能不断从中汲取营养，借鉴其新的理论工具和分析方法，促进自身学科体系的不断完善与发展。如最近 10 年来，应用新增长理论分析可持续发展的途径，新贸易理论解释环境对产品国际竞争力的影响，博弈论分析全球环境问题中的合作与斗争，以及应用产业组织理论对不完全竞争市场中的环境政策工具的有效性问题研究等方面都取得了很大的进展。二是随着环境管理和各国可持续发展战略的制定和实施，现实需求中的政策问题将为环境经济学的不断发展提供持久的推动力，使环境经济学的研究内容随着现实经济的发展而不断丰富。

斯蒂纳和伯格（Sterner and Bergh，1998）受《环境与资源经济学》期刊编委会的

邀请,对环境经济学的最新进展做了总结,他们认为,未来一段时期内,以下内容将是环境经济学研究的重点:

1. 环境价值评估

环境价值评估理论近年来在环境经济学中受到越来越多的关注,主要的方法包括意愿调查法、享乐价格法、旅行成本法、生产函数法等。尽管在理论与实践上还有不少争议,但其在环境决策中的作用显得越来越重要。另外,将环境评估纳入国民核算体系的绿色账户研究也是今后研究的重点之一。

2. 全球背景下的环境经济分析

与封闭经济模型不同,环境问题的国际维度分析主要涉及跨境与全球环境问题治理以及对外贸易与环境的关系这两个方面。经济全球化趋势使全球环境问题开始备受关注,一些经济模型,如博弈论模型已用来解释合作与非合作情况下的全球环境决策行为。费用效益分析也被应用于全球环境政策。在全球化进程中,贸易与环境的关系也日益密切,并对世界经济发展格局有着重要的影响。这方面的研究也将逐步增加。目前人们的兴趣主要在于构建能解释专业化模式、生产与市场关系、政策反馈效应等方面的模型,包括把环境因素引入赫克歇尔—俄林模型的分析中。另外,人们普遍认为在研究环境—贸易相互影响时也应考虑地区差异、技术创新以及发展中国家的特性等因素。

3. 空间维度的环境经济分析

环境问题的空间维度常常被环境经济学家所忽略,但现在人们逐渐发现关于这一领域的研究有大量工作可做,特别是跨学科背景下的研究。如结合自然科学、地理学、生态学的研究,在这些学科里,空间模型是普遍的。与空间有关的环境问题如非点源污染、土地使用、城市环境、交通运输与地理位置选择等领域将会成为研究重点。

4. 生态税改革

征税是环境管理中的重要政策工具之一,目前在欧洲国家开始普遍推行所谓"生态税"改革的政策,就是将征税的基础逐步从劳动力转向能源利用和环境污染治理,这一转换过程被认为能产生环境改善与减少税收对经济扭曲的"双赢"的结果。因此,有关这方面的理论研究正在并将继续成为环境经济学的重要研究主题之一。

5. 一般均衡分析的应用

很明显,环境经济学使用很多的分析方法来描述、预测、分析某一问题的经济—环境特性。这些模型通常具有不同的技术结构(线性与非线性、静态或动态),模型的普遍性、精确性、现实性也各有侧重。由于环境问题之间往往是相互影响、相互关联的,譬如,在道路交通环境问题中,交通阻塞、事故、废气排放与噪声等就是相互联系在一起的。因此,在对环境问题进行全面综合考虑,以运用各种政策工具达到最优环境效果等方面,一般均衡分析方法将会发挥着越来越重要的作用。

第Ⅱ部分　环境经济学理论体系

第三章　环境经济学理论基础

环境问题的形成是人类行为不当所引发的，人类活动正在破坏自然界的各种功能，同时人们也正在致力于保护大自然，从不同的角度在做着研究和努力。经济学是一门研究市场条件下人类行为的社会科学，为我们理解环境问题的本质和如何解决环境问题提供了广阔的视角。本章主要介绍形成环境经济学的经济学理论、概念，为之后的环境经济学理论、方法的学习打基础。

第一节　市场机制中的有关概念

 一、需求、供给、均衡与总需求

需求是市场机制供给与需求双方中的一方，是决定价格的关键因素之一。需求指消费者在某一特定时期内，在每一个价格水平上愿意且能够购买的商品量。对于消费者来说，价格越低，购买欲望越强，购买的数量就越多，并且较低的价格也能使一些原来没有购买力的消费者开始购买这种商品。

供给是市场机制中供求双方的另一方，也是决定价格的另一个关键要素。供给指生产者在某一特定时期内，在每一个价格水平上愿意并且能够供应的商品数量。对于生产者而言，价格越高，生产越有动力，生产的商品数量就越多，并且，较高的价格也可能吸引更多的新厂家进入市场，从而扩大商品的供给。图 3 - 1 描述的是需求和供给关系，其中纵轴表示商品的价格 P，横轴表示的是需求和供给的商品数量 Q。

当供给量和需求量相等时市场出清，这时市场达到均衡。图 3 - 1 中 P* 和 Q* 即为均衡价格和数量。也就是说市场在价格 P* 和数量 Q* 处没有存货。需求和供给并不总是均衡的，在比 P* 高的价格处，有剩余商品，价格就会下跌；反之，在低于 P* 处，市场发生商品的短缺，价格就会上涨。

将每一个消费者对某一商品的个别需求曲线水平加总，即可得到在一定价格下消费者对某一商品的总需求量。由于所有个别需求曲线是向右下方倾斜的，所以市场总体需求曲线也是向右下方倾斜的。在一个保证供给的市场上，对于这类商品，每加入一个消费者，就意味着需求量的增加，而价格水平却不会相应变化。

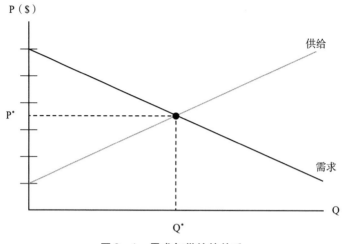

图 3 - 1 需求与供给的关系

但是环境物品由于时常处于市场失灵状态，价格和供需数量信息往往不存在、不确定，因此要想得到环境物品的价格，传统经济学没有涉及，环境经济学发展了这方面的理论与方法。

二、支付意愿与消费者剩余

支付意愿是指消费者对一定数量的某种商品愿意付出的最高价格和成本。由于不同的消费者对某种商品的效用估价不同，所以他们的支付意愿也不一样。随着消费某种商品数量的变动，每一单位商品给消费者带来的满意程度也会不同，消费者对其支付意愿也会不一样。

消费者剩余是消费者愿意为某一商品支付的货币量与消费者在购买商品时实际支付的货币量的差额。在自愿交易的条件下，消费者通过选择最优的消费数量可以使得自身的情况得到改善。通过需求曲线，很容易就可以计算出消费者剩余。

首先，从改变对消费者需求曲线的理解开始。需求曲线不仅表示价格与商品的需求量之间的关系，也可以理解为在购买特定数量时消费者愿意支付的最高价格。但对消费者而言，市场价格是给定的，所以在其支付愿意与实际支付之间存在一个差值，这就构成了一种"心理剩余"。消费者为得到一定数量的某种商品愿意支付的数额与实际必须支付的数额之间的差就是消费者剩余。消费者总剩余用需求曲线下方、价格线上方和价格轴围成的三角形的面积表示。图 3 - 2 表示了消费者剩余。将许多个别消费者剩余加总，就可以度量消费者在一个市场中购买商品所获得的总收益。当商品价格为 0 时，消费者剩余等于需求曲线下的全部面积。

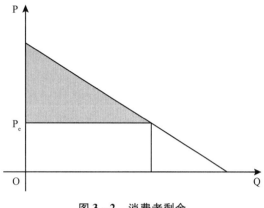

图 3 - 2 消费者剩余

在环境经济学中，支付意愿和消费者剩余是非常重要的概念，从理论上说，考虑到环境物品的有用性和福利性，其支付意愿应当存在，并且会足够高。而在现实的市场经济条件下，大多数环境物品没有价格或价格过低，其消费者剩余也应该是很大的。如果能够发现对环境物品的支付意愿，建立环境物品的需求曲线，就可以知道环境物品的消费者剩余。通过加总支付意愿和消费者剩余，就可能评估环境改善的经济价值和环境破坏的经济损失。

 三、效用与边际效用

消费者的决策可以从预算约束、边际效用和等边际原则去分析。我们用效用来表示消费者的偏好，效用是指消费者从商品中得到的满足和幸福程度。如果第一种商品提供的效用大于第二种，那么我们就说消费者对第一种商品的偏好大于第二种商品。当然某种物品给消费者带来的效用大小完全取决于个人偏好，没有客观标准。效用具有如下特点：

（1）效用是人类的主观评价。一种物品对于某一个人所具有的效用，要由他享用该物品得到的满足程度来评价。

（2）效用因人、因时、因地而异。香烟对于爱吸烟的人有效用，而对于不吸烟者则没有效用。

（3）一种物品对一个人具有的效用，会因占有的数量的不同而不同。对于一个饥饿的人，吃第一个面包所感到的效用比吃第二个或第三个面包时所感到的效用要大。

（4）效用并不含有伦理学的意义。一种商品或劳务是否具有效用，只看它是否满足某人的欲望和需要，而不论这一欲望的好坏。吸烟是一种不良习惯，但香烟能满足吸烟人的需要，对吸烟者来说就是有效用的。

总效用（TU）是指从消费一定数量的某物品中所得到的总满足程度。

边际效用（MU）是指消费新增一单位商品所带来的新增效用。这里要注意"边际"这个经济学中的关键术语,是指"新增"的意思。为了说明边际效用,我们在这里举一个例子。

假如某一天你感觉到很饿,当你吃第一个面包的时候,你感觉很好吃,但是没有吃饱。于是你接着吃第二个,但是你可能感觉第二个就不如第一个好吃。同样,第三个不如第二个好吃,第四个不如第三个好吃。等你吃到第五个,已经很饱了,再吃第六个时你可能就会觉得难以下咽了,也就是说第六个面包给你带来了负效用。

这一现象反映了经济学中的边际效用递减规律,即随着个人消费的某种商品越来越多,他从中得到的边际效用是下降的。

边际效用递减规律说明,当消费较多的某种物品时,总效用会趋向于增加,然而当消费得越来越多时,所得到的总效用却会以越来越缓慢的速度增加,总效用增加减缓是因为你所得到的边际效用随着该物品消费量的增加而减少。当边际效用为零时,总效用最大。此后总效用逐渐下降。总效用与边际效用的关系如图3-3所示。

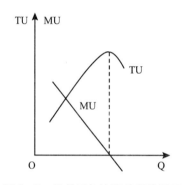

图3-3　总效用与边际效用的关系

 四、无差异曲线和预算线

无差异曲线是用来表示两种商品或它们的不同数量的组合对消费者所提供的效用是相同的。无差异曲线具有以下特征:

(1)无差异曲线是一条向右下方倾斜的曲线,其效率为负值。这表明在收入和价格既定的条件下,为了获得同样的满足程度,增加一种商品就必须减少另一种商品。

(2)在同一平面上可以有无数条代表不同满足程度或总效用的无差异曲线。离原点越远的无差异曲线所代表的满足程度越高。

(3)在同一平面上,任意两条无差异曲线绝不可能相交,否则在交点上两条无差异曲线所代表了相同的满足程度,与第二个特征矛盾。

(4)无差异曲线是一条凸向原点的线。

预算线表明了在收入与商品价格既定的条件下,消费者所能购买到的各种商品数量的最大组合。如果把无差异曲线与预算线合在一个图上,那么预算线与无数条无差异曲线中的一条相切于一点，即在该切点上实现了消费均衡。图 3 - 4 中，AB 是预算线，AB 与 I₂ 相切于 E 点，E 点实现了消费者均衡，即在收入和价格既定的条件下，消费者购买 OB 数量的 X 商品与 OA 数量的 Y 商品可以获得最大满足。预算线与 I₁ 相交于 G 和 F 两点。虽然这两点也能获得最大商品数量的组合，但所获得的满足程度 I₁ 小于 I₂ 所代表的满足程度，因此并没有达到最大效用水平。I₃ 上的各点均在 AB 线之外，已超出消费预算线而无法实现。

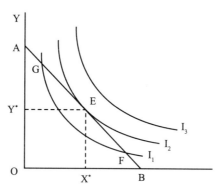

图 3 - 4 不同效用水平的无差异曲线族与预算曲线

五、生产函数与生产者剩余

"生产"在经济学中是一个具有普遍意义的概念，"生产"并不仅限于物质产品的生产，还包括金融、贸易、运输、家庭、服务等各类服务性活动，简单地讲，任何创造价值的活动都是生产。而创造价值就必须投入生产要素，如劳动力、生产原材料等。微观经济学中一般将生产要素划分为劳动、土地、资本和企业家才能这四种类型。（1）劳动指的是人们在生产过程中提供的体力和脑力的总和；（2）土地不仅指土地本身，还包括地上和地下的一切自然资源，如森林、江河湖泊、海洋和矿藏等；（3）资本可以表现为实物形态或货币形态，如厂房、机器、原材料、资金等；（4）企业家才能指的是企业家组织建立和经营管理企业的才能。

生产函数是指每个时期各种投入要素的使用量，与利用这些投入所能生产某种商品的最大数量之间的关系。生产函数表明了厂商所受到的技术约束。公式（3 - 1）表示了生产函数。式中 Q 代表产量，L 为劳动，K 为资本，N 为土地、E 为企业家才能。

$$Q = f(L, K, N, E) \qquad (3-1)$$

生产函数的特点：（1）生产函数反映的是在既定的生产技术条件下投入和产出之间的数量关系。如果技术条件改变，必然会产生新的生产函数。（2）生产函数反映的是某一特定要素投入组合在现有技术条件下能产生的最大产出。

生产技术指的是一系列要素投入以及这些要素投入以一定方式组合起来得到最后的

产出。在"经济人"假设的条件下，生产者遵循利润最大化的原则进行生产。这需要了解生产的等产量曲线、成本、收益、生产要素的最适组合等基本概念。

1. 等产量曲线

等产量曲线是在技术水平不变的条件下生产一种商品在一定产量下的两种生产要素投入量的各种不同组合的轨迹，在这条曲线上的各点代表投入要素的各种组合比例，其中的每一种组合比例所能生产的产量都是相等的。图 3-5 表示了 Q_1、Q_2、Q_3 3 个产量的等产量线，即同一条等产量线上所有的要素投入组合的产出相等，其中 A 和 B 在同一等产量线上，因此产量相同。但是，两点使用的要素投入数量不同，它们代表不同的生产方法。一条等产量线在另一条等产量线之上，表明其产量更高。

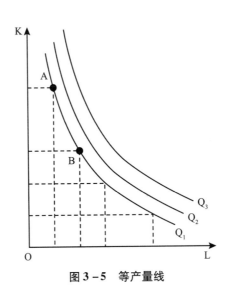

图 3-5　等产量线

等产量线一定向下倾斜，并且是呈现新月状。图 3-5 中 A 比 B 使用的劳动量更少，资本量更多。在 A 点，保持产量不变，增加少量劳动的投入可以减少相当多的资本投入。而在 B 点，增加同样数量的劳动投入不会减少那么多的资本投入量。也就是说，当劳动投入量小而资本使用量大时，等产量线的斜率较为陡峭。相反的，点 B 使用较多劳动，略微减少劳动的投入量，产量损失比 A 小得多；保持产量不变，需要增加的资本量小得多。在 B 点，资本使用量小而劳动投入量大，等产量线的斜率较为平缓。因此，等产量线呈凸状。

2. 生产成本与收益

成本也称为生产费用，是生产中使用的各种要素的支出。成本可以分为总成本（TC）、平均成本（AC）与边际成本。

生产利润最大化原则：

当边际收益 = 边际成本（收益处于平稳状态）

如图 3-6 所示根据规模经济分析，当资本不变，产品生产收益随生产规模呈上升、平稳和下降三个趋势。平稳阶段的收益最大。X 代表产量，P 代表利润。

$$P = TR(X) - TC(X)$$

当利润最大，即

$$dP/dX = dTR/dX - dTC/dX = 0$$

有

$$dTR/dX = dTC/dX$$

即

$$MR = MC$$

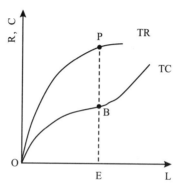

图 3 – 6　生产利润最大化，边际收益等于边际成本

3. 生产要素的最适组合（最优组合）

生产要素最优组合，即在要素价格不变时，在存在两种以上可变生产要素的生产中（即长期中），生产者在其成本既定时使产量最大化或者产量既定时使成本最小化所需要使用的各种生产要素最优数量的组合。

标准是：MPL/PL = MPK/PK。

其中，PL 为劳动的价格（例如工资），PK 为资本的价格（如利息率或租金等），MPL 和 MPK 分别表示劳动和资本的边际产量。

能满足要素投入的最优组合的条件是：要素投入的最优组合发生在等产量曲线和等成本线相切处，即要求等产量曲线的切线斜率与等成本线的斜率相等。

在现实的生产经营决策中，要素的最优组合又具体表现为这样两种情况：一是在成本既定条件下，产量最大的要素组合（生产的技术效率）；二是在产量既定条件下，成本最低的要素组合（生产的经济效率）。

这一最优组合的分析与消费者均衡的分析十分相似。我们先得到一组生产的等产量线（同一产量的不同生产要素组合）；然后通过厂商的成本方程得到等成本线，也即生产预算约束线，在等成本线与等产量线相切之处即得到生产的均衡点，该点的要素组合我们称为最优要素生产要素组合，指在成本既定的情况下使产出最大的要素组合，或者，在产出既定的情况下使成本最小的要素组合（见图 3 – 7）。

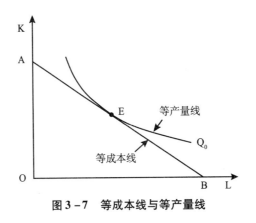

图 3 - 7　等成本线与等产量线

4. 生产可能性曲线与机会成本

一个社会用其全部资源和当时最好的技术所能生产的各种产品的最大数量的组合。

生产可能性曲线（PPC）代表在既定的生产要素资源下生产多种产品（产品 X 和 Y）的可能组合，即最大产量组合是一簇凹向原点的曲线。一般曲线离原点越远，表示生产量越大（见图 3 - 8）。

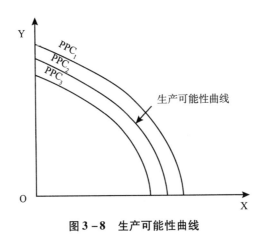

图 3 - 8　生产可能性曲线

经济学家认为，经济学是要研究一个经济社会如何对稀缺的经济资源进行合理配置的问题。从经济资源的稀缺性这一前提出发，当一个社会或一个企业用一定的经济资源生产一定数量的一种或几种产品时，这些经济资源就不能同时被使用在其他的生产用途方面。这就是说，这个社会或这个企业所获得的一定数量的产品收入，是以放弃用同样的经济资源来生产其他产品时所能获得的收入作为代价的。由此，便产生了机会成本的概念。

机会成本是指当把一定的经济资源用于生产某种产品时放弃的另一些产品生产上最大的收益。机会成本是经济学原理中一个重要的概念。在制订国家经济计划中，在新投资项目的可行性研究中，在新产品开发中，乃至工人选择工作中，都存在机会成本问题。它为正确合理的选择提供了逻辑严谨、论据有力的答案。在进行选择时，力求机会成本会小一些，是经济活动行为方式的最重要的准则之一。一般的，生产一单位的某种商品的机会成本是指生产者所放弃的使用相同的生产要素在其他生产用途中所能得到的最高收入。在生活中，有些机会成本可用货币来衡量。例如，农民在获得更多土地时，如果选择养猪就不能选择养鸡，养猪的机会成本就是放弃养鸡的收益。但有些机会成本往往无法用货币衡量，例如，无论是在图书馆看书学习还是享受电视剧带来的快乐之间进行选择。

总之，这一节里提到的这些概念是非常重要的经济学概念，在后面的章节里我们对生产、消费带来的环境问题及评价分析时将会应用这些经济学里的基本概念。

第二节　帕累托最优与资源配置

 一、社会资源配置效率

微观经济学的研究核心就是资源的有效配置，而社会资源配置的效率就是整个社会的经济效率。个体消费者或生产者的经济效率与整个社会的经济效率之间有着明显的不同。就一个消费者或生产者而言，在给定资源条件下使消费或生产最大，或者为获取一定的消费和产量使其资源消耗最小化，那么这就实现了高效率。但对整个社会经济体系而言，如果在特定时间和资源数量给定的条件下，产生最大的社会经济福利，那么该经济体系就是高效率的，或者说是社会资源达到最优配置。

要使资源达到最优配置，基本要满足三个必要条件：

（1）商品在消费者之间达到最佳分配，即要求任何两种商品的边际代替率对于每一个消费者来说都相等，而且等于相应两种商品的价格之比。

（2）生产要素在生产者之间达到最佳分配，即要求任何两种生产要素的边际产品转换率对于每一个生产者都相等，而且等于两种生产要素的价格之比。

（3）必须使生产要素在各行业间的最佳分配和商品在消费者间的最佳分配同时实现。这一条件要求任意两种商品间的边际替代率必须等于任意一个生产者在这两种商品生产间的边际转换率，而且应等于这两种商品的价格之比。第三个条件是前两个条件或生产与消费的综合条件，即社会无差异曲线与社会生产可能性曲线相切。

 二、帕累托最优与社会福利最大化

帕累托最优，也称为帕累托效率，是指资源分配的一种理想状态，假定固有的一群人和可分配的资源，从一种分配状态到另一种状态的变化中，在没有使任何人境况变坏的前提下，使得至少一个人变得更好。显然，这是一种理想状态的效率，即在已知的资源基础、生产技术以及社会成员的偏好等条件下所能达到最富裕状况。

经济学理论认为，在一个自由选择的体制中，社会的各类人群在不断追求自身利益最大化的过程中，可以使整个社会的经济资源得到最合理的配置。市场机制实际上是一只"看不见的手"推动着人们往往从自利的动机出发，在各种买卖关系中、在各种竞争与合作关系中实现互利的经济效果。交易会使交易的双方都能得到好处。另一方面，虽然在经济学家看来，市场机制是迄今为止最有效的资源配置方式，可是事实上由于市场本身不完备，特别是市场的交易信息并不充分，却使社会经济资源的配置造成很多的浪费。

提高经济效率意味着减少浪费。如果经济中没有任何一个人可以在不使他人境况变坏的同时使自己的情况变得更好，那么这种状态就达到了资源配置的最优化。这样定义的效率就成为帕累托最优效率。如果一个人可以在不损害他人利益的同时能改善自己的处境，他就在资源配置方面实现了帕累托改进，经济的效率也就提高了。

帕累托最优在指导自然资源开发时是一个十分有用的原理，但其"无人受害"的标准过于严苛，现实中很难完全达到。可以采用补偿方式来使很多十分必要却有部分人会因此受损的开发得以进行。但给予补偿的不能仅限于经济福利，还应包括生态福利，这样的补偿便是生态补偿。在流域水资源开发时，下游获利地区应给予上游受损地区一些必要的补偿；为保护环境与维持生态平衡，土地非农流转中除了给予经济补偿外，还应实施生态补偿。只要在实践中逐步实施生态补偿，就一定能实现资源开发的帕累托最优。

第三节　环境效益与经济效益

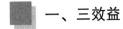 **一、三效益**

1. 经济效益

经济效益是指人们从事经济活动所获得的劳动成果与劳动消耗的比较。

经济效益有两种形式：

（1）差式：经济效益＝产出－投入＝劳动成果－劳动消耗。

（2）商式：经济效益＝产出/投入＝劳动成果/劳动消耗。

经济效益还有三种形态，即货币形态、实物形态、混合形态。货币形态是指产出与投入均以货币来计量；实物形态是指产出与投入均以实物来计量，如汽油消耗量、用电量等；混合型态是指产出与投入两项要素中，一项以货币来计量，一项以实物来计量。

提高经济效益，就是要在一定的消耗或占用的情况下，尽可能生产出符合社会需要的有效成果；或者是在产出水平一定的情况下，尽可能减少投入。

2. 环境效益

人类活动引起的环境质量的变化，其结果有好的，也有坏的。如排放污水会造成环境污染，而植树造林会使环境得到改善。我们把由人类活动所引起环境质量的变化称作环境效益。根据环境效益的定义，环境效益具有以下的特点：

（1）环境效益有正负两种表现。人类活动可能使环境质量向好的方向变化，也可能向坏的方向转变。使环境质量得以改善，即环境效益为正；反之，则环境效益为负。

（2）环境效益的滞后性。人类活动与该项活动所引起的环境质量的改变不是同步的，人类活动在前，环境质量的变化在后，二者存在时间差。

（3）环境效益计量的难度大。环境质量的变化涉及许多项内容，需要利用许多项指标才能反映出环境质量的变化；同时，环境效益具有滞后性，这使得很难准确计量环境效益。

3. 社会效益

社会效益是指人类活动所产生的社会效果。社会效益是从社会角度来评价人类活动的成果，社会效益也有正负之分。对社会有积极作用的活动产生的社会效益为正；对社会有消极作用的活动产生的社会效益为负。

一般来讲，三效益中，社会效益与经济效益、社会效益与环境效益的关系容易处理，而环境效益与经济效益之间的关系十分复杂。下面我们将重点讨论环境效益与经济效益之间的关系。

二、环境效益与经济效益的关系

环境效益与经济效益既有矛盾的一面，又有统一的一面。

1. 环境效益与经济效益的矛盾

（1）时间上的矛盾。一般而言，随着经济活动的结束，经济效益能够很快地表现出来，也就是说经济效益见效快。而环境效益有滞后性，见效缓慢。在实际工作中，受利益机制的驱动，人们往往重视见效快的经济效益，而忽略了环境效益，从而使经济效益与环境效益之间产生矛盾，表现为时间上的矛盾。

（2）利益得失上的矛盾。一般来讲，经济效益的受益者是经济活动的行为人，而环境效益的受益人（受害人）是区域内所有人。即经济效益与行为人的利益息息相关，而环境效益与行为人的利益关系不大。人们的行为受到利益机制的调控，受利益得失因素的影响，往往会更重视环境效益，忽略了环境效益。

环境效益与经济效益的矛盾其根本原因是人们认识上的原因造成的，或者是由于政策的缺陷所造成的。在认识上人们往往重视眼前的、局部的、与自身利益相关的经济效益，而忽视环境效益。从政策角度看，我们还有待完善评价、考核环境效益的政策，环境效益难以和市场主体的经济利益直接联系起来。

2. 环境效益与经济效益的统一

根据生态经济学理论，生态经济系统由生态系统和经济系统耦合而成，环境效益是考核生态系统状况的指标，经济效益是考核经济系统的指标，因此环境效益与经济效益是可以统一的。

 ## 三、环境经济效益

环境经济效益是指某项活动所产生的经济效益和环境效益的综合。可以简单地认为，环境经济效益 = 环境效益 + 经济效益。但是环境效益与经济效益的计量办法不同，单位不统一，一般不能直接相加。只有通过一定的技术手段，如环境费用效益分析，将环境效益换算成经济效益后才可以相加。

环境经济效益具有以下的特点：

（1）不确定性或计量的困难性。环境经济效益计量的困难主要是由于环境效益计量的困难性造成的。

（2）微观效益和宏观效益的不一致。微观效益好时，其宏观效益不一定好。如工业废水直接排入河流，对工厂而言时有效益的，但是其宏观效益确实是不好的。反之，治理污水对工厂而言，加大成本属于效益不好的，但对宏观而言却是好的。

（3）环境效益的滞后性。由于环境效益具有滞后性，使得环境经济效益也具有了滞后性。

（4）综合性。环境经济效益包含了考核环境系统的环境效益和考核经济系统的经济效益，它是评价环境经济系统的综合指标。

根据效益理论，人类的各项活动，不能单纯追求环境效益或经济效益，而应该追求环境经济效益的最大化。

第四章 经济学与环境问题

正如第一章论述的环境问题的形成是人类行为不当所引发的，人类活动正在破坏自然界的各种功能，同时人们也正在致力于保护大自然，净化空气与水源，并寻求更加清洁的能源。经济学是一门研究市场条件下人类行为的社会科学，为我们理解环境问题的本质和如何解决环境问题提供了广阔的视角。本章主要讨论，为什么理解环境问题需要认识市场的力量与市场失灵。

第一节 一般物品与环境物品

消费领域的市场失灵通常发生在那些具有"公共性"或外部性的物品上，经济学的研究认为，一般商品具有两个本质特征，即排他性和竞争性。排他性涉及是否可以通过价格手段分配该种商品的使用量；竞争性所涉及的则是，是否可以通过价格或其他途径，使该种商品的使用量的分配达到市场均衡状态。

 ### 一、一般物品与环境物品的本质区别

1. 私人物品和公共物品

经济物品是可以直接或间接改变某人效用水平的物品。例如，巧克力可以增加多数人的效用，被污染的水则会减少人们的效用。服务也可以被认为是物品，服务包括所有种类的劳动服务，如会计、法律服务，等等。物品可以直接增加人们的效用，也可以间接增加人们的效用，如煤炭用来发电，电增加人们的效用。总之，物品可以是有形或无形，能够直接或间接改变人们的效用。

巧克力和电都是常见的物品，相对容易计算其数量。生产者根据提供的数量获得收入，消费者根据其购买的数量支付相应的费用。这些商品市场，根据供给、需求形成市场价格和市场数量。这些物品我们统称为私人物品，即具有竞争性和排他性的物品。

竞争性是指私人物品消费环节被某人使用后，就无法被另外一个人使用。例如，一个人吃了一块巧克力，别人就吃不到这块巧克力。当一个人打开空调，其消耗的电将无法被别人使用。人们必须为自己的消费支付费用，不付费的消费者无法使用物品。排他

性是指可将别的消费者排除在物品使用之外。

并非所有物品都是私人物品。例如，任何人都可以去远海捕鱼，因此远海捕鱼不具备排他性。然而，由于同一条鱼仅可以被捕获一次，所以鱼具有竞争性。因此具有竞争性和非排他性的物品具有开放获取的属性，被称为共有资源。

具有排他性和非竞争性的物品，被称为自然垄断物品，也叫俱乐部物品。团体决定其会员，一旦成为会员就可以享受该团体提供的服务。例如收费的有线电视，某人收看收费电视并不会妨碍他人的收看，但是收费电视只提供给那些缴费的人们。

具有非竞争性和非排他性的物品，被称为公共物品。例如，任何人都可以享受欣赏月亮的过程，而且观看月亮并不会让月亮缺少一块。环境物品基本具备这样的属性，更准确地说，它是一种准公共物品。当人们对环境资源的消耗没有超过环境容量时，环境资源可以是取之不尽、用之不竭的，如果超过环境容量，那环境资源与一般资源一样，也是稀缺的。

竞争性和排他性都是指一定程度上的竞争性和排他性，并非一个绝对概念。物品也可以具有部分竞争性。例如，图书馆有可能限制顾客借书的数量。物品也可以具有部分排他性，例如图书馆可以对生活在社区内的所有人免费，而对社区外的人收费。许多物品介于纯公共物品和纯私人物品之间。

2. 环境物品和环境服务

环境经济学关注环境所提供的服务功能，例如大气可吸收工厂排放的废气、阻挡紫外线、提供氧气和二氧化碳；清洁的水体可以维持水生生命，吸收水中的污染物。清洁的水和空气提供的每一项无形的服务都是一种物品，可视为环境服务。因为服务是一种形式，并且环境质量影响着人们的效用，所以环境服务是一种经济物品。

二、环境物品的功能特征

为了简单地理解，将经济社会简化为两个部门，即生产部门和消费部门。物品、服务和生产要素的交换在两个部门间进行。这两个部门与环境发生关系。但是，仅仅两个经济部门之间的交换是不能维持人类经济生活的，环境在其所有环节中都发挥着重要作用，这些作用被称之为环境物品。根据环境所起的作用，无数环境要素可以分为四个部分。

1. 环境是资源提供者

我们从环境中取出各种物质，可再生的和不可再生的。它们进入经济系统，被加工为人们所需要的产品和服务。这些物质就是传统意义上的资源。从环境经济的角度，我们对资源的兴趣侧重于以下几点。

（1）许多资源同时也是关键的环境要素。水资源同时也是水体生态系统的生存载体。例如，当人类开发水资源时，必须考虑到水生生物的生存环境和水体生态系统的健康。

（2）经济活动导致的环境后果直接与人类利用资源的合理程度相关。例如，过度使用化石能源会加剧空气污染，过度使用原材料会增加废弃物的排放，加剧土壤、水体、空气污染。因此，我们要从源头上控制污染，就必须关心资源的利用方式。

（3）可持续发展的定义是在发展过程中保持资源存量的稳定。所以，环境经济学对资源保持一定程度的关注是必要的。

2. 环境是废弃物的接纳者

废弃物既可能来自生产，也可能来自消费。当人们丢弃垃圾或驱车时，都会增加废弃物。在某些情况下，废弃物会被环境以生物或化学方式处理，例如，酒厂排入河口湾的有机物可由自然过程分解，并通过微生物的作用，将这些废弃物分解为无机物。因此，酒厂的排放是否对这一河口湾产生有害影响取决于许多因素，包括相对于河口水体容量的废物量、水温、流速等。也就是说，河口具有一种有限的同化废弃物的能力。随着废弃物的增加，分解过程将会用掉越来越多的溶解氧，这使得河水污染，进而影响水体生物体系。

对环境的纳污功能的认可，承认"阈值"的存在，就意味着环境资源的宝贵价值。即使不存在自然界的某种"阈值"，也必须确定一种社会能够容忍的污染限度，因为我们既然生活在工业社会，完全消灭污染是不可能的。况且，污染物在自然环境中的分解确实存在。经济学的视野就是需要将纳污功能与其他要素放在一起，以求取得最优化配置。

3. 环境是舒适性的提供者

我们可以从美丽的大自然中获得愉悦的感觉，这是因为自然环境提供了精神价值。经济学家试图对这类价值进行计量，在新古典经济学派是依靠社会福利判断经济价值的，而社会福利似乎依赖于个人福利的总和。个人福利由效用测度，于是社会福利就是个人效用的总和。个人从消费物品和服务中获得效用，也从自然环境的状态中获得效用。这是因为人们使用了环境生产物品和服务，也因为自然环境的存在而变得更为愉快。当然，人如果没有环境是不能生存的，这在后面将要讨论。

舒适功能引起的问题是，将环境用于一种目的可导致其服务于其他方面的能力的下降，即资源在使用上是存在矛盾的。例如，使用山区作为矿产资源意味着减少其宜人的价值；将河流用于排污意味着其宜人价值的下降并且减少可获得的资源；等等。

环境作为一种稀缺资源，人类对其有许多相互矛盾的需求。我们将这种因相互矛盾的需求导致的稀缺称为相对稀缺，原则上可以计算出一套正确的影子价格。经济学在这一领域是大有可为的。因为在很大程度上，经济学就是一门关于如何配置资源以应对各种相互矛盾的需求的学问。但是，经济系统，主要是市场系统，在配置环境资源方面的作用是相当弱的。

4. 环境是地球生命支持者

典型的此类服务如维持大气的构成适合生存；维持温度和气候；维持水和营养物的循环。此类功能是最重要的，但正因为太大、太重要，经济学理论在研究与此相关的问题时往往力不从心。毕竟，人类的经济系统与地球生命支持系统的关系如同胎儿之于母体，需要一种能够将两者视为一个系统的理论体系。

对于环境在以上四方面的贡献，向人类提供物质产品可被归于一类，纳污、宜人度和生命支持系统又是一类。也就是说，环境对经济乃至人类生存的贡献分为产品和服务两个范畴。但在传统的经济运行模式中，环境服务往往是被忽视的，很大程度上，环境经济学的主要使命就是如何合理利用和有效保护环境的服务功能。

第二节　市场的力量与市场失灵

回顾微观经济学理论，我们知道一个理想的市场应当满足如下四个基本假设：

（1）与市场的整体规模相比，各个生产者和消费者的规模都足够小，都无力影响价格，而只能接受既定价格，市场是充分竞争的。

（2）生产者和消费者都可以充分了解现在和将来的价格信息。

（3）私人成本和社会成本能够保持一致。

（4）生产者有进入有利可图行业和退出无利可图行业的自由。

在满足以上假设条件的理想市场状态下，个体利益最大化能够导致资源的有效配置。

市场中独立存在着两大经济单位，即买方和卖方。买方包括以消费为目的而购买商品和服务的消费者，和以生产商品和提供服务为目的而购买劳动力、原材料的厂商。卖方包括出售商品和服务的厂商、出卖劳动力的工人，以及向厂商出租土地和资源的资源所有者。买方和卖方同时相互作用形成市场。市场是通过相互作用使交易成为可能的买方和卖方的集合。

市场机制是指通过市场价格和供求关系变化，以及经济主体之间的竞争，协调生产与需求之间的联系和生产要素的流动与分配，从而实现资源配置的一套系统。市场机制的核心是价格与竞争机制。市场通过价格信号为处于竞争中的主体指示方向。通过竞争，推动和迫使市场主体对价格信号做出反应。适应市场者得以生产，不适应者将被淘汰，市场经济由此而发挥配置资源的功能。

就环境而言，许多市场活动都会影响环境。例如，油价比较便宜会增加汽油的消费量，使用汽油又会导致气候变化和健康问题。燃烧汽油会排放出温室气体，包括二氧化碳和一氧化氮；同时会产生能够影响健康的污染物，如氮氧化物、一氧化碳、碳氢化合物和颗粒物质。此外，油价便宜使人们住的远离工作地点变得相对容易。人们为了得到便宜的住房，愿意在往返交通费用上多付一点，从而导致住宅或者其他土地开发从中心城市转移到乡村，干扰了野生动物的生活环境，并且使路面硬化，破坏了土地的吸纳功能。如果油价上涨，那么就会减少因使用汽油带来的大气污染、气候变化以及土地利用方式变化带来的环境影响。也就是说价格可以成为改变人类行为的一个非常有效的手段。

市场的力量能够使环境受益或受损。汽油价格低会导致其大量使用，对环境造成很大的损害；汽油价格升高则会减少损害。人们用某些稀缺资源生物资源可以制造特殊商品，如虎骨、鹿茸可以入药，对这类商品的旺盛需求会使某个物种濒临灭绝。上述例子说明市场影响着自然环境的质量。因此，理解市场力量对于解决环境问题至关重要。

市场是通过价格信号来引导人们的行为，配置资源的。然而我们也清楚许多环境物品和服务是无法进行市场交易的。个人无法买卖呼吸的空气或者周围的湖泊、河流和海洋中水的质量，但是每个个体的行为却都可以影响所有人呼吸的空气和水的质量。一个人开车会让所有人的空气质量略有下降。使用化肥和农药会影响到水源、土壤的质量，最终损害所有人的健康，伤害区域内的动植物群，并且降低当地的环境舒适性，从而增加了人们的生活成本。当然，如果人们造成的损害不需要付出任何代价，那么就不会依据市场信号来减少这些危害环境的行为。这就是典型的市场失灵现象。

如果没有人的生活因为市场配置资源而得到改善，那么这就是市场失灵，它甚至使某些人的生活状况变得比原有的情况更糟糕。当环境物品无法在市场交易时，生产者与消费者无法根据市场价格信号改变自身的决策，从而使生产和消费一同陷入混乱，人们为各自的利益制订不同的计划，譬如，工厂希望将污染物排放到空气和水体里，居民希望呼吸干净的空气和饮用清洁的水，任何一方都声称自己有权利使用资源。因此，对于环境物品而言，市场缺失将会导致矛盾和资源滥用。

环境物品的市场失灵通常被分为以下几类。类别之间并不互相排斥，一种物品可以同时属于多个类别。

1. 产权缺失和无法交易

市场交易的最低要求是拥有产权和产权可交易。也就是说，只有当物品的所有权清晰，并且所有权可以转移给他人的时候，交易才能发生。拥有一种物品意味着物品必须具有排他性，非排他性的物品从严格意义上是无法拥有的，因为任何人只要愿意都可以使用该物品。例如，清洁空气、世界生物多样性和自然风光等环境物品。

开放获取资源指的是物品具有竞争性但是不具备排他性。所有权的一个关键属性是具有排他性。对于草地、森林和海洋等很多自然资源，我们难以限制人们获取这些资源，这些资源都属于开放获取的资源。开放获取的资源属于每个人，又不属于任何人。世界上大多数的渔业资源，尤其是公海的渔业资源都是开放获取的资源，不限制这些区域捕捞者的数量。因此，如果从渔民的个人利益来看，为保证未来渔业的可持续而保护当前的鱼群数量是没有任何意义的。渔民的决策是如果自己放弃捕鱼，那么其他渔民会捕获剩余的鱼。大多数渔民会以此推论做出继续捕鱼的决定。结果是只要现行的捕鱼技术可以使渔民在耗竭渔业资源时有利可图，渔业资源必然耗尽。尽管限制渔民的捕鱼行为会使所有渔民的福利增加，但是市场无法提供这样的信息进行限制。

一般来说，缺乏产权并且不具备排他性将会导致资源的过度利用。因为投资者不能将其他人排除在他们投资的项目之外，从而无法获利，这也会减少维持和改善资源的投资。缺乏产权的可交易性也会将资源利用限制在并非生产力最佳的用途上。因此，缺乏所有权和可交易性将导致市场失灵。

2. 外部性的存在

外部性是对于第三方的一种非经济影响。当一个人或企业的行为对其他人或企业产生了实质性的影响却未经对方许可时，外部性的问题就出现了。例如，电力供应通过市场进行配置，但是发电经常造成空气污染，导致人们的呼吸困难，即使是那些不使用电的人也会因此受到影响；造纸厂向河流和湖泊排放漂白剂造成损害，纸张的交易过程中，无论购买者还是销售者都没有对这一外部损害进行赔偿。外部性很常见，却不太可能通过市场得到恰当的解决。因为即使第三方在交易中受损，交易双方在做出市场决定时也不会考虑其活动对第三方造成的影响。

外部性可以是消极的，也可以是积极的。包括污染在内的消极外部性会给第三方带来损害。由于这一问题对市场参与者没有任何影响，所以他们没有任何动力去减少这些损害，从而过剩供给消极外部性。反过来，当某人的行为无意识的给第三方带来好处时，就发生了积极的外部性，例如，某人拥有一个美丽的花园，他的邻居便可以不付出任何劳动就得到极大的享受。消极外部性的供给量会高于他人的愿意承受的数量，而积极外部性的供给数量则会少于他人愿意接受的数量，例如花园的主人在花园中投入的工作可能不会如其邻居所希望的那样多。

3. 公共物品与"搭便车"行为

公共物品是非竞争性和非排他性的。清洁空气、太阳和气候是公共物品，公共电视台和电台以及国防也是公共物品。公共物品的供给是很多环境问题的核心。

市场不会提供足够的公共物品。假设有两户邻居，附近共享一座小公园，对于他们而言，小公园是公共物品，因为无论谁都无法阻止邻居享受公园提供的服务，并且对公园的景色的享受并不会减少邻居享受公园的能力。这时候一个清洁工愿意向他们提供维护公园的服务，费用是20美元一周。两户邻居都希望公园整洁，但是每一户愿意为该服务支付费用不超过10美元。两户邻居都希望对方能支付全额服务费。但由于没有一户愿意全额支付清洁工的服务费，市场交易的结果就是无人对公园进行维护。表4-1对这一情况做了总结。

表4-1 公园维护服务的供需情况

邻居	公园维护费用	清洁工是否会提供服务	邻居是否会支付费用
邻居一	20美元	会	不会
邻居二	10美元	不会	会

现在假设两户邻居同意每户贡献10美元共享清洁工提供的服务。此时，两户邻居的福利都得到了增加，每个人都以10美元得到了一个整洁的公园。清洁工的福利也增加了，因为他愿意以20美元交易他的劳动。由于他们都是自愿进行交易的，因此他们的福利都得到了增加，这便是一项帕累托改进的交易。然而，交易并不是通过市场机制

完成的，而是需要市场之外的共同行动。市场无法提供本可以实现的帕累托改进。

由于不能将任何一个人排除在公共物品的使用之外，人们可以不支付任何费用也可以享受该物品，得到好处却没有支付费用的人被称为"搭便车"者。假设住户变成三户，每一户都不愿意向清洁工支付超过 10 美元的费用，如果其中两户联合支付了 20 美元，那么剩下的那户享受公园提供的服务却没有支付费用，这便是"搭便车"者。由于缺乏机制使搭便车者付费，从而公园整洁程度的数量小于其应有的规模。

4. 对未来的贡献

很多经济活动，投资的成本和收益随着时间不断产生，当前开展活动的人希望在其有生之年可以收益，同时他们也会考虑为后代做一些事情，比如父母为孩子未来做大学教育储蓄，或政府为那些还没有出生的孩子建造学校和公园。但是，当代人做出这些决定的时候，会产生如下两个主要问题。

一是人们的决定建立在他们对下一代需求的认知基础上。现在的人希望改变前人所做的决定，而前人的行为已经导致了不可逆转的变化，限制了现在可以做的选择。每一代人所作的决定都会对后代产生影响。现在的人无法了解未来人的需求，这个困难无法完全克服。尽管如此，我们还是建议现在的决策者将一些选择留给未来，而不是在现在就做出一些不可逆转的决定。

二是当人们面临对现在和未来进行权衡的时候，未来所占的比重是多少？比如当代人希望减少消耗化石燃料以缓解气候变化，因此当代人应该负起责任减少化石燃料的使用量；而一些人则看到现在世界上还有很多生活条件差，需要提高福利，而相对便宜的化石燃料有助于此。究竟减少多少化石燃料使用量以缓解温室气体的伤害，选择在很大程度度上取决于人们衡量现在和未来的福利水平的权重。

不管怎么说，人们并没有在日常活动中忽略未来，但是人们是否给予未来足够的重视，以及未来在决策中应该占多大的分量，这些仍存在争议。对未来的考虑也不会在市场关系中体现出来，市场在这一问题上是缺失的，也就是说反映了市场的失灵。

第三节　经济人假设与生态人假设

 一、经济人假设

1. 经济人假设的含义

"经济人"是西方经济学者作为基本假设提出来的，因而又称"经济人假设"。"经济人"的假设，起源于享受主义哲学和英国经济学家亚当·斯密（Adam Smith）的关于劳动交换的经济理论。亚当·斯密认为，人的本性是懒惰的，必须加以鞭策；人的行为动机源于经济和权力。

美国工业心理学家麦格雷戈在《企业中的人性方面》（1960）提出了 X 理论，基本观点如下：（1）多数人天生是懒惰的，他们都尽可能逃避工作。（2）多数人都没有雄心大志，不愿负任何责任，而心甘情愿受别人的指导。（3）多数人的个人目标都是与组织目标相矛盾的，必须用强制、惩罚的办法，才能使他们为达到组织的目标而工作。（4）多数人干工作都是为满足基本的生理需要和安全需要，因此，只有金钱和地位才能鼓励他们努力工作。（5）人大致可分为两类，多数人都是符合上述设想的人，另一类是能够自己鼓励自己，能够克制感情冲动的人，这些人应负起管理的责任。

经济人就是以完全追求物质利益为目的而进行经济活动的主体，人都希望以尽可能少的付出，获得最大限度的收获，并为此可不择手段。"经济人"假设条件在经济发展过程中不断发生演变，大致经历了古典"经济人"、新古典"经济人"、广义"经济人"。新古典学派认为，"经济人"就是经济活动的行为主体：一是具有功利主义本性，即以最小成本去获得自身最大的经济收益；二是具有完全理性，即掌握全部知识和信息，恰当选择，实现利益最大化；三是"经济人"一般包括生产者和消费者，追求利润和效用最大化；四是"经济人"通常采取劳动、资本、土地、企业家四种要素供给者的形态。

"经济人假设"，其核心内容是，经济学所研究的人都是"自利的理性人"。"经济人假设"的实质就是对"人"进行抽象，是指为了经济学分析、解释、推导的需要，对微观的人的特点进行抽象，并根据这种抽象分析其决策和行为。通过抽象可以避免陷入对"人性"本身无边无际的争论，以更有效地讨论相关的经济学主题。新古典经济学将斯密的"经济人"，进一步抽象为具有完全理性、简单、可量化的"机械人"。把经济学从具有道德性和社会性的学科转化为只有技术工具意义上的学科。因此，新古典"经济人"的假设边界是：纯粹的"自利性"而无"利他性"，纯粹"追求个人利益最大化"而无"公共利益"，没有社会规则的约束。

2. 经济人假设的局限性

"经济人"抽象实际上就是将人不当成"人"，而是当成一个纯粹的"经济动物"，显然，这种"动物"本身并不存在。所以局限难以避免。

首先，由于经济学研究角度、研究需要的不同，对于人的抽象也各不相同。例如，著名的"社会人"模式就是另一种应用于经济学中的假设。它由旧制度主义经济学家提出，想以之来取代"经济人"模式。它的基本内容是：作为一种社会存在，除了物质经济利益之外，人还追求安全、自尊、情感、社会地位等的需要；人所做出的选择，必须建立在他个人的社会经验、不断的学习过程以及构成其日常生活组成部分的个人之间相互作用的基础之上，因此，人的行为是直接依赖于他生活在其中的社会文化环境的，所以要从每个人的现实存在和他与环境的关系上去理解人，去解释人的经济行为。经济管理学基础理论的"管理人"模式在人的"有限理性"假说的基础上提出。这种理论认为，在现实世界中，人受到自身在认识和计算能力方面固有的限制，以及信息不完全、时间有限的制约，只能在力所能及的范围内进行选择。因此，不论主观愿望怎样，人们都只是追求可以实现的"满意的状态"而不是"最大化"。

其次，"经济人假设"在假定人是"自利的理性人"的同时，还存在一系列相关假设，包括资源供给不受限制、市场信息对称、人的知识水平足够、市场机制充分有效等，但实际上这样的条件本身在现实中不存在。即使是追求"利益最大化"的"经济人"，他们一旦遇到物质利益与精神利益的双重选择时，其利益判断也会出现巨大的差异，其权衡标准也会背离这种"假设"。

最后，即使人是"自利的理性人"，但由于每个人的"自利"程度和"理性"程度的差异，也可能出现不同等级和程度的"经济人"，从而使这种假设变得多样化和复杂化起来。尤其是"自利"的标准差异会使人的选择出现巨大不同，如对吸毒、赌博等的消费行为的选择。

在"经济人假设"提出时，很少有人考虑经济产品的公益性与私利性问题，但随着人们认识的进步，几乎大多数经济产品都存在公益性与私利性问题，只是程度不同而已，这样，"经济人假设"的运用就更受局限了。"公益性"程度越高的产品，如教育、桥梁、国防等，其"经济人假设"适用的程度就越低，因为人们在消费和购买这些产品时，常常无法根据"利益最大化原则"做出选择。

另外，在经济发展初期，尤其是市场化和工业化水平较低的情况下，在市场严重供不应求和收入水平较低的情况下，市场主体受价格约束较大，生产者和消费者的选择有限，这种条件下，"经济人假设"是有较为广泛的适用性的。但是，随着经济发展阶段的变化，人们的知识水平的提高、个性化需求和情感需求的扩大，人们的经济行为越来越脱离"经济人假设"的条件。尤其是"绿色经济"等运动的兴起，更使人们关注个人、社会、经济与环境的协调，从而使"经济人假设"适用的范围更趋狭窄。

二、生态人假设

1. 生态人假设的提出

工业文明取代农业文明，是人类文明发展的一大历史性进步。在很长时间里，工业化发展模式、与此同结构的市场经济理论，以及建筑其上的社会制度，被许多人看作是亘古不变的理想王国。然而，人类文明驶入工业化的轨道之后，以"高投入、高消耗、高污染、低效益"为特征的传统工业化发展模式，在一方面使人类创造和获取巨大的物质财富的同时，另一方面也为人类带来了"三大危机"。一是生存基础的危机。传统工业化严重污染和破坏生态环境，自然生态系统作为生命支持系统越来越脆弱，人类生存压力越来越大，生存质量不断恶化，发展空间越来越狭小。二是生命的危机。传统工业化严重污染和破坏生态环境，使生物多样性锐减、人类健康和生命遭遇严重威胁。三是社会文明的危机。传统工业化发展不仅严重损害生态效益，而且也严重损害了社会效益。经济与社会发展失衡、社会分配不公、两极分化加剧、城乡差距扩大、社会矛盾积累激化等，都深刻暴露了传统工业化发展模式割裂和扭曲人与自然、人与社会关系的弊端。不仅如此，由传统工业化发展导致的生存基础危机和生命危机，直接带来人类社会文明危机，"三大危机"形成恶性循环。

传统工业化发展模式导致"三大危机"的深刻根源，在于以"经济人"为假设的传统经济理论。"经济人"是工业化和商品经济的产物，是随着资本主义市场经济的形成而出现的。经济人假设肯定了人类追求自身利益的正当性，主张人们大胆地去追求自我利益，第一次使人类追求经济利益的动机从天国还原到人间，使宗教神学在理论基础上失去了根本依据，从而加速了资本主义生产关系的确立，激发了人们的进取性和创造性，极大地促进了经济的发展和社会财富的增加。200多年来，以"经济人"假设为基本前提和立论基础的古典经济学、新古典经济学，不仅成为传统的主流经济学，而且还成为支配整个工业文明发展的基本经济思想。然而，人类市场经济和工业化发展的实践证明，"经济人"假设只具有相对的客观合理性。这一假设在高度强调人类经济自利行为的同时，却又极力地剥离人类其他行为和关系，割裂了人存在的现实性和历史性，不可避免地存在严重的内在缺陷和历史局限性。"经济人"假设本身存在的严重缺陷，决定了传统主流经济学理论存在严重弊端，也决定了传统市场经济和工业化发展模式存在严重弊端。经济人假设为基础的传统经济学理论排斥生态规律对经济系统的制约与决定作用，忽视人与自然、人与社会的一致性、统一性和本质联系，因而毫无例外地把自然生态要素外部化，没有将其纳入成本、收益、价格、国民经济核算等微观和宏观经济范畴之中；主张由"看不见的手"自由调节经济活动，政府只充当"守夜人"的角色；认为经济可以无限增长，片面追求经济效益最大化和物质财富最大化。用这种经济理论指导实践，常常存在众所周知的"市场失灵"问题，即不能自动保持国民经济综合平衡和稳定协调发展，无法纠正、避免"外部不经济"和"公共地悲剧"。人类工业文明和"经济人"时代，确实违反了生态规律，其根本问题是对现代经济社会发展生态基础的根本性破坏，导致种种危机日益加深，标志着工业文明已经走到尽头。"经济人"假设的内在缺陷及其所造成的生态危机和人类生存困境都表明，工业文明及其人性标准都已不合时代的发展，历史呼唤着新的生态文明时代的到来，呼唤着新的生态人格模式的确立。

2. "生态人"假设的含义与特征

"生态人"是与"经济人"相对应的，与"经济人"相比，它是一种更加符合人类本质的理论设定。可以将"生态人"定义为具备生态意识，并在经济与社会活动中能够做到尊重自然生态规律，约束个人与集体行为，实现人与自然共生、经济和社会可持续发展的个人或群体。"生态人"既可以指国家，也可以指政府、企业和个人。

"生态人"有广义和狭义之分，广义的"生态人"不仅追求人与自然的共生，还追求人与他人、与自身的和谐，这是一种理想中的人，一种完人；狭义的"生态人"是特指单纯的环境保护人士。在当前的社会发展阶段，我们所指的"生态人"主要是对"人与自然平衡的向往"，对生态文明充满憧憬的人们。

其基本特征为：

（1）整体思维，以生态优先的有机系统论为世界观和方法论。"生态人"抛弃了近代以来机械论世界观和思维模式，以生态优先的有机系统论观点看待人与自然和生态、经济、社会之间的关系，将它们看作一个有机系统和整体，认为人及其社会作为生态系统母体的有机组成部分和子体，其生存发展的一切活动必然深深打上生态系统母体的烙印，必然受制于自然生态系统，离开了与自然生态系统的良性能量转化与交换、信息交流与互动，人一天也不能生存，更谈不到从事经济社会活动。因此，无论是人类整体或人类个体的一切活动都必然最终受制于自然界，必须在自然生态系统承载力基础上进行，没有自然生态系统的基础承载，人类整体的或个体的一切经济社会活动便成无源之水、无本之木。由此，"生态人"以生态优先的整体论世界观或生态世界观范式，对过去"经济人"乃至"社会人"的理论设定进行了革命性改造和超越，即"经济人""社会人"必须建立在"生态人"的基础之上，并接受"生态人"的主导、规定和制约。

（2）综合取向，以追求经济、社会和生态综合效益最大化为价值观。与传统的"经济人"片面追求物质利益最大化，忽视生态效益和社会和谐的价值观不同，在生态优先的有机整体论的世界观下，"生态人"从人与自然、人与社会整体互动关系的维度去把握生命活动的价值取向，以全面的、整体的价值视角来审视问题，坚持人与自然、人与社会和谐有机统一，追求包括经济持续发展、自然生态平衡、社会和谐有序在内的综合效益最大化，在价值取向上开辟了一条有利于人的解放和自然解放的正确道路。"生态人"不仅追求直接的物质利益，同时追求包括更高的精神需求、社会需求和生态需求在内的生活质量；不仅追求代内生态、经济和社会公平和谐，而且追求代际的公平和谐。在"生态人"看来，当追求经济利益、社会利益与生态利益发生矛盾时，必须服从生态优先原则；当追求局部的利益与整体利益发生矛盾时，必须局部服从全局；当追求眼前利益与长远利益发生矛盾时，必须服从长远利益。

（3）全面发展，以整体协调可持续发展为行为模式特征。"生态人"的整体性的世界观和价值观，使"生态人"能够正确理解自然社会发展规律，认识人的生产活动直接或间接的、短期或长期的生态社会影响，并在此基础上去支配和调节自身活动，从而使自身的生存与发展活动建立在人与自然、人与社会协调平衡、良性互动基础之上，也使其所有活动都有利于而不是破坏生态系统的协调平衡。这必然使"生态人"成为一个全面发展的人，一个自觉理性地维护生态平衡、生态安全、生态公平和生态正义的高尚的人。这样的"生态人"，已经从"经济人"片面追求物质利益无限扩张的行为模式中解放出来，而以推进生态、经济和社会全面协调可持续发展作为行为范式和理想人格。

3. "生态人"假设的价值观

"生态人"是与"经济人"相对应的，与"经济人"相比，"生态人"既是经济社会可持续发展的客观要求，也是生态文明时代理想的人格模式，是一种更加符合现代人类本质的理论设定。

"生态人"是人类特性的一个根本性变化和新发展，"生态人"假设则是人类对其自身特性最新发展的时代认知和把握。它不是从纯粹的功利角度来阐述人对社会、人对自然的依赖性，而是更加强调从人的本质内涵来诠释。在"生态人"的观念中，人的需求是全面的，不仅包括物质需要和精神需要，而且包括生态需要和社会需要，一定要从人与自然、人与社会整体互动关系中来解决生态问题、社会问题。"生态人"的价值观：

（1）具有整体论世界观或生态世界观范式。与传统的人与自然的对立、人对自然的掠夺观不同，"生态人"抛弃了近代以来机械论世界观和主客二分的思维模式，以有机系统论的观点看待人与自然之间的关系，将"人—自然—社会"看作一个有机系统整体，其中的每一部分都不是孤立的，而是处于普遍的联系中，认为人和其他生命一样，只是生态系统这个有机网络上的一个网络点，人类生命的维持与发展要依赖于整个生态系统的良性运行，人与自然之间不是简单的因果关系，而是存在着复杂的、非线性的相互作用。

（2）树立生态安全观。"经济人"只注重经济利益，无所顾忌地掠夺资源，而"生态人"将生态安全放于首位。生态安全是生态学上的概念，它是指在地球几十亿年漫长的生物与环境协同进化过程中形成的，任何生物必需的特定气候、温度、湿度、光照通量等生态参数处于稳态时的状况。"生态人"能够意识到失去生态安全的最大效益是虚假的，因而在决策时将生态安全置于首位，如果其行为危及生态安全即使利益再大也要放弃。

（3）拥有生态善恶观。生态善恶观是"生态人"的核心，生态善恶也即生态道德，它扩展了传统道德的界限，把道德关怀引入人与自然的关系中，使人们以道德理念去维系生态平衡，树立人们对于自然的道德义务感，因而对人类具有更大的约束力。当有了这种善恶观时，"生态人"就会把保持生态平衡作为个人的一种人生责任，当其行为有利于生态平衡时就感到高兴，而对破坏生态、伤害生物的行为则感到悲哀。

（4）主张环境公平、正义观。环境公平是针对环境伦理的缺陷而提出的，但它也同样是"生态人"坚持的一个准则。环境公平包括代内公平、代际公平，尽管我们生活在同一个地球上，但由于各地经济、文化发展水平的差异，环境资源分配的不均衡，不同的阶级、群体对环境会有不同的诉求，因而其利用自然的权利、履行环保的义务也应有所差别。环境正义理论要求我们必须实现环境资源所有权与享有权分配方面的公正，应该承担环境责任方面的公正，最终达到环境权利、环境责任和环境义务的统一。

（5）推崇经济、社会和生态三者相协调的发展观。"经济人"以高耗费、高污染的方式追求经济效益的最大化，而忽视了生态价值、生态效益和社会和谐，是片面的、不可持续的发展；"生态人"则不然，"生态人"是以全面的、整体的视角来审视问题，坚持经济、社会和生态三者的统一，追求包括经济持续增长、自然生态平衡、社会和谐有序在内的综合效益。

以上只是对"生态人"价值观的一个简要陈述，并不能表明其全部内容，而且在不同的社会状况下，出于不同的立场和主体利益的差异，对"生态人"的内涵及其特征的理解也会有差异，但其基本精神是一致的，重视生态观念和生态保护是共同的。

第五章　环境问题与外部性理论

第一节　外部性的定义与类型

前面我们对市场竞争机制进行分析的前提是假设经济活动的全部成本和收益都归买卖双方承担和拥有，不涉及其他人，但是实际经济生活中的情况并非总是如此。造纸厂生产纸张，企业的全部成本就是原材料、工人工资、设备费用、运输、销售等成本吗？现实情况不是这样，当造纸厂把生产废水排放到河流中，河流因此受到污染，在河上捕鱼的渔民受到损失，渔民为造纸厂的生产付出了代价。外部性的概念就出来了。当某人或某企业的活动给其他人的福利带来影响而又不需要支付相应的成本和得到相应的报酬时，就产生了外部性。

实际经济生活中，生产者或消费者的活动对其他消费者和生产者产生的超越活动主题范围的利害影响，在经济学上被称为"外部性"。外部性又可分为外部不经济性与外部经济性。

外部不经济性（负外部性）：如果对其他人的影响是不利的，并且个人或企业不必承担其行为带来的成本就是负外部性。

例如，把污水排放到河流中的造纸厂；向天空中排放有毒气体的化工厂；在公共场所随意抽烟的烟民；随意扔弃塑料袋或其他垃圾的人；在人行道上乱停车或者在生活小区和校园里随意按汽车喇叭的司机；在游轮上向长江倾倒垃圾的乘客；等等。他们的行为在给自己带来某种利益或满足的同时，都对他人或社会的利益带来负面影响，但却不必承担这种负面影响的成本。

外部成本：生产活动中，存在这另一种类型的成本，是社会真正承担的，但是却不显示在企业的损益表里，被称为外部成本。外部成本，对企业来说是外部的，但是对社会来说是内部的。外部成本还称为"第三方"成本，也有时叫"溢出效应"。

$$社会成本 = 私人成本 + 外部成本$$

【案例1】假设湖边有 4 家相似的企业，他们在生产中使用湖水，并向湖中排污。由于湖水被污染，每家企业在使用湖水之前必须先对湖水进行净化。水处理成本取决于湖水的总体质量，当然也受 4 家企业总排污量的影响。假设每家企业水处理的年成本为

40000 元，有一家新企业打算在湖边生产，如果再加上它排放的污染物，湖水的质量将更加糟糕，每家企业的水处理成本将因此提高至 60000 元，当这第 5 家企业制定建厂和生产决策时，它会考虑各种成本，包括每年 60000 元的水处理成本。

请问，第五家企业所承担的 60000 元水处理成本，是否等于其社会总成本？如果不是，第 5 家企业是否给其他企业带来了外部成本？

如果假设第 5 家企业使得其他四家企业每家每年的水净化成本增加 20000 元，当这家新企业在湖边落成时，用水的社会边际成本是多少？

外部经济性（正外部性）：如果对其他人的影响是有利的，并且个人或企业不能得到其行为带来的全部收益时，就是正外部性。

例如，在没有专利制度保护时，某人有了一项新发明，由于其他企业的纷纷效仿，它通过市场只能得到新发明创造的社会利益的很小一部分；某人接种了肺结核疫苗之后，不仅提高了自己的免疫能力，而且减少了周围其他人感染疾病的机会，使社会收益大于个人收益；植树造林可以为他人提供休憩纳凉的场所，并为他人带来美的享受；等等。

外部收益：是在消费或使用具有外部性的物品或资源时，制定消费或使用决策之外的人获得的收益。当一种物品的使用产生了外部收益时，市场的支付意愿会少于社会的支付意愿。

【案例 2】 假设我想买一台低噪声的割草机，它每年给我带来 50 元的额外收益，因此 50 元是我愿意为这台机器支付的最高价钱。但是，假定使用新割草机由于减少了噪声，会给我的邻居每年带来 20 元的额外收益，邻居得到的这 20 元收益是我的外部收益，我在决定是否购买时，根据的只是我的收益。这样对我来说，一台低噪声的割草机的边际支付意愿是 50 元，而社会边际收益却是 70 元。

再如，假定一个农民在市郊种了一块地，所产的农产品都卖给城市居民。当然，农民主要关心的是他从土地经营中所获得的收入，投入多少，产出多少，根据的都是这些决策对收入的影响。但是，种地还有其他收益，例如，为鸟类和其他小动物提供了栖息地，给路人带来了视觉享受等。这些收益虽然是真实存在的社会收益，但是对农民来说却是外部的，农民估算的将这块地用于耕种的价值要小于社会的支付意愿。

在存在外部性时，市场结果除了影响买方和卖方的福利之外，它还要影响到其他人的福利。由于买方与卖方在决定需求或供给多少时并没有考虑他们行为的外部效应，所以，当存在外部性时，市场均衡并不是最有效率的，也就是说，市场并没有使整个社会的总福利最大化。

第二节　外部性理论的应用

【案例 1】 现在，我们还是用供求工具来考察外部性是如何产生环境恶化的。为了我们分析的方便，我们考虑一个具体的市场——纸市场，如图5-1表示了纸市场供给与需求的均衡情况。图中的供给与需求曲线包含了有关成本与收益的重要信息，纸的需求曲线反映了消费者对纸的评价，这种评价用他们愿意支付的价格来衡量。同样，供给曲线反映了纸生产者的成本。在没有政府干预时，纸的价格调整使纸的供求平衡，在市场均衡时，均衡产量使生产者剩余与消费者剩余之和最大。

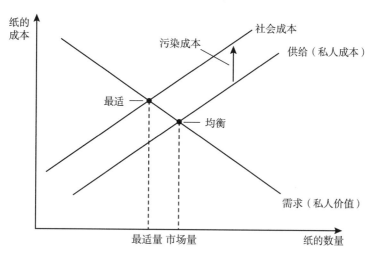

图5-1 纸市场的供给与需求关系

由于造纸厂生产纸张的成本除了包括材料、运输、资本、劳动等私人成本外，还包括在生产过程中排放的污水、废气等对环境造成危害和损失的社会成本，它具有负外部性。在市场经济条件下，企业根据私人收益和私人成本的比较进行决策，当私人成本与社会成本不相一致，或者私人利益与社会利益不相一致时，对于企业或个人来说最优的决策，并一定是社会的最优决策。因此，在存在外部性时，市场不能达到有效率的资源配置。从造纸厂例子来看，由于它不考虑环境污染成本，私人成本便低于社会成本，基于私人成本决定的生产数量会高于从社会成本角度确定的最优产量。

从图5-1中我们可以看出，社会成本曲线在供给曲线之上，是因为它包含了造纸厂给社会所带来的外部成本，这两条曲线的高度差反映了排放污染的外部成本。因为生产纸的社会成本是企业的私人成本与污染的外部成本之和，所以使社会总剩余最大化的最适产量应该在需求曲线与社会成本曲线相交时的产量水平。我们注意到，在没有政府介入的情况下，完全由市场决定的市场产量要大于社会的最适产量，也就是生产和消费过多，产生了资源配置的无效率。这种无效率产生的原因是市场均衡仅仅反映了生产者的私人成本，此时纸对边际消费者的价值小于生产它的社会成本，因此，使纸的生产量和消费量低于市场均衡产量会增加社会总福利。

综上所述，由于外部不经济性的存在，厂商在生产时只考虑其私人成本而不考虑社会成本，其产出水平高于社会所要求的最优水平，生产的同时排放了大量的污染物，进而导致了环境恶化。

【案例2】我们再来考虑利用燃煤发电时产生空气污染的外部不经济情况。每个厂商再生产中都产生废物，并把大气作为废物排放的场所，然而空气资源是作为电力生产中的一种不花钱的投入，这时电力的价格 P_e 电力的数量为 Q_e，如图 5-2 所示。

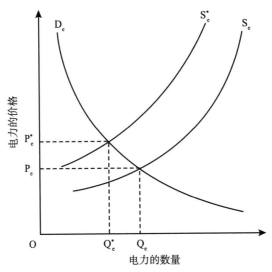

图 5-2 电力市场的供给与需求关系

现在，假定给空气污染确定一个正确的负价格，从而要求厂商为利用空气资源来处理废物付一个高效率的价格。这将增加电力生产的成本，使电力的供给曲线向左移动。给定新的供给曲线 S_e，电力价格就是 P_{e1}，电力的均衡数量就是 Q_{e1}。这是一个相当一般的结论，它可以表述为：当生产中存在这帕累托相关外部不经济性时，与此外部不经济性有关的产品价格偏低，而产量偏高。

当一种商品的生产涉及正外部性时，市场决定的产量水平可能相当低，出现供给不足的情况，图 5-3 给出了技术市场的需求曲线和供给曲线。在这种情况下，政府可以通过补贴新技术研究使外部性内在化。如果政府对企业的技术研究给予补贴，供给曲线就会向右移动，移动量为补贴量，这种移动会使新技术发明的数量增加，这就是政府通常设立一些科研基金以资助科研项目的原因。为了保证技术市场均衡数量等于社会最适量，补贴的金额应该等于技术溢出效应的价值。

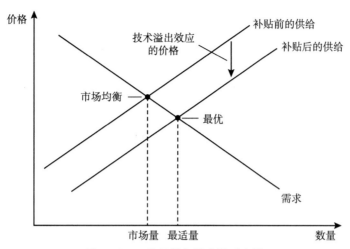

图 5-3　正外部性与社会最适产量

　　我们都明白，技术进步是人们生活水平提高的关键原因，技术的溢出效应是普遍存在的，政府应该制定政策来鼓励人们进行技术研究。如果政府采用补贴的政策，那么应该补贴谁、应该补贴多少是一个难以确定的问题。有些人可能会说，政府应该补贴那些产生最大技术溢出效应的项目，但是政府要衡量每个项目技术溢出效应的大小是极其困难的，如果没有准确的衡量，政府的补贴可能最终给了那些最善于游说政府或者最接近权力中心的项目，而不是给那些具有最大正外部性的项目。实际上，大多数经济学家赞同政府通过制定专利法和其他旨在保护知识产权的法律来使发明者能够获得比较大的回报，这些法律通过给予发明者在一定时期内排他性地使用自己的发明而保护了发明者的权利。当一个人或企业有了新的思想发现和技术发现时，他可以为这种思想申请专利并自己占有大部分经济收益，专利通过赋予企业对其发明的产权来把外部性内在化。如果其他人想使用这种新技术，它必须得到发明人的允许并向它支付费用。因此，专利制度可能是一种比补贴制度更好地激励人们进行技术研究的方法。当然，对于具体问题我们需要具体分析，如教育这种具有正外部性的项目，完全由个人投入可能会产生投入不足的问题，又无法通过专利制度解决，就需要政府通过设立公立学校和政府奖学金进行补贴了。

　　存在正外部性时，相关产品的价格偏高，而产量偏低，供给不足。在得不到适量经济补偿的情况下，外部经济性会导致相应产品的生产量太少，以致供给不足。如果这种产品是环境保护类公共物品，供给不足会导致环境恶化。

　　消费中的外部效果也会对配置产生类似的影响。如果不对汽车排放的污染定价，那么与高效率的价格和数量相比较而言，消费中的外部不经济性将使得消费者乘汽车旅行的费用偏低，而汽车旅行服务的数量偏高。同理，如果某人由于改善了自己房子的外观而给别人创造了免费的好处，那么，相对于高效率的水平，这个房主美化自己房产的成本是偏高的，而这一美化数量是偏低的。

第六章　环境问题与产权理论

第一节　科斯定理与环境产权

一、科斯定理

科斯定理（Coase Theorem）由罗纳德·科斯（Ronald Coase）提出的一种观点，认为在某些条件下，经济的外部性或者说非效率可以通过当事人的谈判而得到纠正，从而达到社会效益最大化。科斯本人从未将定理写成文字，而其他人如果试图将科斯定理写成文字，则无法避免表达偏差。关于科斯定理，人们理解的说法是只要财产权是明确的，并且交易成本为零或者很小，那么，无论在开始时将财产权赋予谁，市场均衡的最终结果都是有效率的，实现资源配置的帕雷托最优。

科斯提到的一个著名的历史例子可以说明这三种看法。火车烧柴和煤炭常常溅出火星，引燃农田。每一方都可采取防备措施以减少火灾的损失。要说明这点，农民可以停止在铁轨边种植和堆积农作物，而铁路部门可装置防火星设施或减少火车出车次数。

初看上去，似乎是法律控制了各方采取防备措施的动力，因此，法律决定了火灾引起损失的次数。要知道，禁令是财产法中制止妨害行为发生的传统手段。如果农民有权指挥铁路部门，一直到不溅火星才允许铁路通车，那么，火星就几乎不会引起什么火灾损失。反过来，如果铁路部门不受惩罚地营运，那么，就会引起大量的火灾。根据科斯定理，这些现象会把人引入歧途，因为虽然法律规定了权利的最初分配，而市场却决定着最终分配。须知，如果农民有权禁止铁路部门运营，那么，他们就可以出售这一权利。具体说就是，铁路部门支付一笔钱给农民，以换取具有法律约束力的承诺——不禁止铁路运营。反过来说，如果铁路部门有权不受惩罚地溅出火星，那么它就可以出售这一权利。具体说就是，农民可以支付一笔钱给铁路部门，以换取具有法律约束力的承诺——减少火星的溅出。

■ 二、科斯定理的前提条件

科斯定理的两个前提条件：明确产权和交易成本。钢铁厂生产钢，自己付出的代价是铁矿石、煤炭、劳动等，但这些只是"私人成本"；在生产过程中排放的污水、废气、废渣，则是社会付出的代价。如果仅计算私人成本，生产钢铁也许是合算的，但如果从社会的角度看，可能就不合算了。于是，经济学家提出要通过征税解决这个问题，即政府出面干预，赋税使得成本高了，生产量自然会小一些。但是，恰当地规定税率和有效地征税，也要花费许多成本。于是，科斯提出：政府只要明确产权就可以了。如果把产权"判给"河边居民，钢铁厂不给居民们赔偿费就别想在此设厂开工；若付出了赔偿费，成本高了，产量就会减少。如果把产权界定到钢铁厂，如果居民认为付给钢铁厂一些"赎金"可以使其减少污染，由此换来健康上的好处大于那些赎金的价值，他们就会用"收买"的办法"利诱"厂方减少生产从而减少污染。当厂家多生产钢铁的盈利与少生产钢铁但接受"赎买"的收益相等时，它就会减少生产。从理论上说，无论是厂方赔偿，还是居民赎买，最后达成交易时的钢产量和污染排放量会是相同的。但是，产权归属不同，在收入分配上当然是不同的：谁得到了产权，谁可以从中获益，而另一方则必须支付费用来"收买"对方。总之，无论财富分配如何不同，公平与否，只要划分得清楚，资源的利用和配置是相同的——都会生产那么多钢铁、排放那么多污染，而用不着政府从中"插一杠子"。那么政府做什么呢？明确产权，并且有效地保护产权。

科斯定理表明，市场的真谛不是价格，而是产权。只要有了产权，人们自然会"议出"合理的价格来。

但是，明确产权只是通过市场交易实现资源最优配置的一个必要条件，却不是充分条件。另一个必要条件就是"不存在交易成本"。交易成本，简单地说是为达成一项交易、做成一笔买卖所要付出的时间、精力和产品之外的金钱，如市场调查、情报收集、质量检验、条件谈判、讨价还价、起草合同、聘请律师、请客吃饭，直到最后执行合同、完成一笔交易，都是费时费力的。就河水污染这个问题而论，居民有权索偿，但可能会漫天要价，把污染造成的"肠炎"说成"胃癌"；在钢铁厂有权索要"赎买金"的情况下，它可能把减少生产的损失1元说成10元。无论哪种情况，对方都要调查研究一番。如果只是一家工厂和一户居民，事情还好办。当事人的数目一大，麻烦就更多，因为有了"合理分担"的问题。如果是多个厂家，谁排了污水、排了多少，他们如何分摊赔偿金或如何分享"赎买金"就要先扯皮一番；如果是多户居民，谁受害重谁受害轻，怎么分担费用或分享赔偿，也可打得不可开交。正是这些交易成本，可能使得前面所说的那种由私人交易达到的资源配置无法实现——或是大家看有这么多麻烦，望而却步。所以说，科斯定理的"逆反"形式是：如果存在交易成本，即使产权明确，私人间的交易也不能实现资源的最优配置。

科斯定理的两个前提条件各有所指，但并不是完全独立、没有联系。最根本的是明确产权对减少交易成本的决定性作用。产权不明确，后果就是扯皮永远扯不清楚，意味着交易成本无穷大，任何交易都做不成；而产权界定得清楚，即使存在交易成本，人们在一方面可以通过交易来解决各种问题，另一方面还可以有效地选择最有利的交易方式，使交易成本最小化。

 ## 三、科斯定理的内容

科斯定理是由三个定理组成的定理组。

科斯定理一：在交易费用为零的情况下，不管权利如何进行初始配置，当事人之间的谈判都会导致资源配置的帕雷托最优。

科斯定理二：在交易费用不为零的情况下，不同的权利配置界定会带来不同的资源配置。

科斯定理三：因为交易费用的存在，不同的权利界定和分配，则会带来不同效益的资源配置，所以产权制度的设置是优化资源配置的基础。

科斯定理指出只要财产权是明确的，并且交易成本为零或者很小，那么，无论在开始时将财产权赋予谁，市场均衡的最终结果都是有效率的，可以实现资源配置的帕累托最优。当然，在现实世界中，科斯定理所要求的前提往往是不存在的，财产权的明确是很困难的，交易成本也不可能为零，有时甚至是比较大的。因此，依靠市场机制矫正外部性（指某个人或某个企业的经济活动对其他人或者其他企业造成了影响，但却没有为此付出代价或得到收益）是有一定困难的。但是，科斯定理毕竟提供了一种通过市场机制解决外部性问题的一种新的思路和方法。在这种理论的影响下，美国和一些国家先后实现了污染物排放权或排放指标的交易。

科斯定理的精华在于发现了交易费用及其与产权安排的关系，提出了交易费用对制度安排的影响，为人们在经济生活中做出关于产权安排的决策提供了有效的方法。根据交易费用理论的观点，市场机制的运行是有成本的，制度的使用是有成本的，制度安排是有成本的，制度安排的变更也是有成本的，一切制度安排的产生及其变更都离不开交易费用的影响。交易费用理论不仅是研究经济学的有效工具，也可以解释其他领域很多经济现象，甚至解释人们日常生活中的许多现象。比如当人们处理一件事情时，如果交易中需要付出的代价（不一定是货币性的）太多，人们可能要考虑采用交易费用较低的替代方法甚至是放弃原有的想法；而当一件事情的结果大致相同或既定时，人们一定会选择付出较小的一种方式。

 ## 四、科斯定理的局限性

西方学者认为，科斯定理也有其局限性。

首先，它的假设条件太苛刻。只有当交易成本为零，才能出现科斯定理所说的结果。而在现实中交易成本不可能等于零。

其次，即使交易成本为零，现实中也存在策略性行为。由于存在策略性行为，就不会出现科斯定理所说的那种帕累托理想状态。比如在城市里拆迁，经常碰到"钉子户"，你不答应他的苛刻条件，他就是不搬迁。这种行为就是策略性行为。

最后，科斯定理忽视了收入分配的效应。科斯定理企图论证的是不同产权的分配方式不会影响资源配置效率，即任何产权分配方式都会导致帕累托最优状态。

第二节　环境产权的概述

 一、环境产权

环境产权是指行为主体对某一环境资源具有的所有、使用、占有以及收益等各种权利的集合。环境产权的界定要求对维持生态系统的平衡做出标准化规范，用以告诫和约束人们应拥有与遵循的环境质量准则，尽量避免或减少由污染所致的人类健康损失及由内部经济性行为导致的外部不经济性。

环境产权产生于工业化、城镇化、大量污染物产生、环境问题出现之后，是一定社会历史的产物。在没有环境问题之前，所有的污染物排放在环境容量之内，地球环境容量免费为人类清除了所有的污染物，当然就不存在环境产权问题了。当污染物的排放超出了环境容量，就出现了环境问题，有了环境问题，就必然产生环境产权问题。

环境产权的客体是环境容量资源，主体是人，即自然人和法人。我们无时无处不在使用环境容量资源，它有时是有形的，如水和土壤；有时是无形的，如空气；还有如阳光、气候、生态、山川、声音等。环境产权就是环境容量资源商品的财产权，它包括环境容量资源商品的所有权、使用权、占有权、收益权和处置权。环境资源产权包括自然资源产权和环境产权。环境产权的使用权就是环境容量资源商品的使用权，即排污权和排放权以及固体废弃物的弃置权等。

 二、环境产权的界定

作为一种特殊产权，对环境产权的界定实际是对公众所拥有的生态资源及对这些资源使用程度的界定。与一般意义的产权界定不同，环境产权的界定由于其内涵的不确定性和交易的非等价性而有着自身的特点与难度。特别是在信息不完全的条件下。很难通过界定环境产权来解决外部性问题，事实上，被侵害者如果对控制污染技术和成本没有充分的信息，只能进行简单的推测。另外，污染者一般比被害人更清楚工厂的生产技术，他们的推测可能更符合客观情况，但他们没有动力把知道的真实情况向被害者公开，相反却总是要求得到更多的补偿。

从其外延看，环境产权的边界十分宽泛，它的界定对象不仅包括矿产、林木、土地等自然资源，而且包括水体、阳光、大气等生存资源；不仅包括由洪涝、干旱等自然灾害造成的直接或间接的经济损失的大范围生态产权，而且包括由噪音、粉尘、辐射所致的健康损失的局部生态产权；不仅包括由工厂排污造成的大气、水质污染对动植物的显性危害侵权，而且包括由使用农药、化肥对土质、农作物造成的隐性危害侵权；不仅包括本国国土的污染或自然灾害对本国的影响，而且包括周边毗邻国家或转嫁危害国家对世界范围的环境影响。从其内涵看，环境产权界定要求对维持生态系统的平衡做出标准化规范，用以告诫和约束人们应拥有与遵循的环境质量准则，尽量避免或减少由污染所致的人类健康损失及由内部经济性行为导致的外部不经济性。

产权的一般意义告诉我们，所有产权的界定都是为了规范产权交易并使交易费用最低，环境产权的界定也不例外，其终极目标是为了实现环境资源开发利用外部成本的内部化。

三、环境产权的功能

环境产权的功能是指，产权作为一种社会强制性的制度安排所具有的界定、规范和保护人们的经济关系，形成经济生活和社会生活的秩序，调节社会经济运行的作用。环境产权有以下几种功能：

1. 界区功能

环境产权的界区功能是环境产权最基本的功能，它是在界定各环境产权主体之间、环境产权主体与非环境产权主体之间的权利与义务区间上的功能。环境产权的确立过程就是界定环境产权主体权利和责任的过程，任何一个环境产权主体都享有运用环境产权谋取利益的权利，同时又承担着尊重和不侵犯他人环境产权的义务。环境产权主体之间的权利和义务是相当清晰的，因而是排他的和减少了不确定性，这就为环境产权主体交易环境容量资源商品创造了条件。

2. 激励功能

激励功能是指因环境产权确立而使环境产权主体产生积极行为的功能。环境产权归根结底是一种物质利益关系。任何环境产权主体对其产权的行使，都是在收益最大化动机支配下的经济行为，没有收益的环境产权是不可思议的。环境产权主体可以使用环境产权来谋求自身的利益。

3. 约束功能

约束功能是指环境产权确立后对环境产权主体行为所产生的强制力和约束力，这是由于环境产权的确立使环境产权主体外在的环境污染责任内在化，形成了环境产权主体的内在约束力，改变了以往环境产权主体任意排污、不顾后果，并让社会和他人来承担环境污染责任的局面。

4. 资源配置功能

环境产权的资源配置功能指的是环境产权制度的安排本身所具有的调节或影响环境容量资源配置状况的作用。依据价格信号，环境产权主体自由交换流转环境容量资源，有利于环境容量这种稀缺资源的优化配置。

5. 收入分配功能

环境产权的收入分配功能指的是环境容量资源财产权的清晰和确立，财产关系的明晰及其制度化是一切社会得以正常运行的基础。产权经济学家哈罗德·德姆塞茨讲过，"产权是自己和他人收益或受损的权利"。环境产权自由交换和重新分配的过程就是环境容量资源财产收入重新分配的过程。

四、环境产权的特征

首先，环境产权的实质是对环境资源的使用权，与其他自然资源权存在区别。环境产权（排污权）并不是指企业拥有污染环境的权利，而是由环境资源的产权主体分配给企业的有限制的污染排放权。也就是说，环境产权属于环境资源使用权，即人们对环境容量的使用权。

其次，环境产权是一种法定或制度安排的权利，权利人拥有依法收益、处置环境产权的权利。环境产权是指环境产权的权利主体按照相应的规定，排放相应污染物和排放物的权利。与拥有其他权利的权利人一样，环境产权人拥有行使这一权利、利用这一权利获得正当收益并禁止其他人妨碍其行使该权利的权利。

最后，环境产权的行使是有条件的，权利人并不拥有随意排放的绝对自由。环境是一种资源，国家拥有环境资源的专有权，所以环境产权必须在国家许可的前提下使用，要受一定条件的制约，并要求权利人履行一定的义务，以便合理使用和保护环境资源，防治环境污染。排污权是污染物排放主体在环境保护部门分配的指标额度内，在确保其行使权利不至于损害其他主体的合法产权时，依法享有排放污染物的权利，但是，排污权人只能按照规定的排放标准，在规定的时间、地点以规定的方式行使排污权。

五、环境产权的应用

环境容量资源既然是商品，它就可以流通、交换，并通过它的价格——排放额度，来表现它的价值。承认环境容量资源的商品性是确认环境容量资源所有权（也即环境产权所有权）的前提和关键。环境容量资源既然是有价之物，就不可能永远被无偿占用，否则就会造成经济、环境秩序的混乱。环境容量资源商品的转让必须通过平等交换的商业程序来进行，环境容量资源才能实现其价值。而只有转让出去，其价值才能表现出来，才不至于由于环境容量资源所有权的丧失，一些人占有另一些人的环境容量资源倒成了正常合理的事了。

　　环境产权的交易，包括排污权交易制度。排污权交易制度也可以称为"买卖许可证"制度，它是把环境转化成为一种商品并将其纳入价格机制的一种可选择的方法。排污许可证可以看作是"固定的排污权"，而污染削减费用则是"污染价格"，两者结合起来建立了一种市场，在这一市场中可以交易排污权。排污权实际上是对环境容量资源的使用权，拥有可排污权就拥有了一定量的使用环境净化能力的权利。这种权利的总供给量肯定是有限的，以某种形式初始分配给企业之后，新加入的企业只能从市场上购买必要的排污权。最典型的就是土地资源的使用。当所有的土地使用权以一定的方式初始分配完毕后，所有新进入市场的企业必须获得相应的土地使用权，一般情况下，是通过租借或购买等方式。

　　对于个人（家庭）来说确立人均排放配额额度的过程就是确立了私人环境产权的过程，对于企业确立了排污配额额度的过程就是确立了企业环境产权（混合产权）的过程。现在，流行的排污权交易、排放权交易（碳交易）其实质也就是它们的价格（排放额度、配额额度）——减排额度的交易。关于这部分在环境政策的部分详细介绍。

第七章　环境价值理论

虽然社会已经普遍承认环境有价值，但是因为许多环境资源没有市场价格，所以评估环境价值存在相当的困难，关键是如何给没有市场价格的环境质量赋予货币价值，即环境质量的货币化。正因此，环境价值作为环境经济学的核心问题引起了广泛的关注。

第一节　环境价值的理论阐释

准确界定环境的概念是研究环境价值的基础。对于环境的定义，研究者通常根据研究对象和研究目的的需要加以界定。环境经济学中提出的环境是指以人类为中心或主体的，与人类生存、发展和享受有关的，一切外界有机和无机的物质、能量及其功能的总体。根据环境经济学理论，解释环境资源的价值，虽然有很大分歧，但一般有以下几种理论。

一、基于劳动价值论的阐释

马克思的劳动价值理论论述了使用价值和交换价值之间存在的对立统一关系，指出价值与使用价值共处于同一商品体内，使用价值是价值的物质承担者，离开使用价值，价值就存在了。使用价值是商品的自然属性，它是由具体劳动创造的；价值是商品的社会属性，它是由抽象劳动创造的。

运用马克思的劳动价值理论来考察环境的价值，关键在于环境是否凝聚着人类的劳动。关于这点有不同的理解。一种观点认为，自然状态下的环境，是自然界赋予的天然物，不是人类创造的劳动产品，没有凝结人类劳动，因而它没有价值。它的作用只是形成使用价值，而不形成交换价值，一切未经人的协助就天然存在的生产资料，如土地、风、水等。另一种观点则认为，为了保持自然资源消耗与经济发展需求增长相均衡，投入了大量的人力物力，环境资源已不是纯天然的自然资源，它有人类劳动的参与，因而具有价值。认为环境价值就是人们为使经济社会发展与自然资源再生产和生态环境保持平衡和良好循环而付出的社会必要劳动。

这两种观点的主要分歧表现在时代的不同。第一种观点，立足于经济尚不发达，资源相对丰富，环境问题也不突出的时代。马克思所处的正是这样的时代。第二种观点则是立足于当今经济发达、资源环境问题严峻、资源供给难以满足日益增长的经济发展的需求，人们必须参与自然资源的再生产，如环境资源的保护、更新、勘探、科研等活动耗费了大量的人类劳动，这些人类劳动凝结在环境资源之中，构成了环境资源的价值。因此，认为环境有价值也符合马克思劳动价值论的观点。

这两种观点都没有解决环境资源被无偿使用的问题。前者认为环境资源没有价值，当然也没有价格，因而环境资源被无偿使用；后者虽然承认环境资源具有价值，但其价值的补偿只是对所耗劳动的补偿，最终没有根本解决环境资源被无偿使用的问题。

 二、基于效用价值论的阐述

效用价值论，是从物品满足人的欲望的能力或人对物品效用的主观心理评价角度来解释价值及其形成过程的经济理论。效用指的是物品满足人的需要的功能和效力。

效用价值理论从一般效用理论逐渐演化为边际效用论，后由阿尔弗雷德·马歇尔（1842~1924年）进行高度概括，形成了均衡价值理论。效用价值理论认为，价值是由"生产费用"和"边际效用"两个因素共同构成，缺一不可。商品的边际效用可以用价格来衡量。商品的供给价格等于它的生产要素的价格，供给的数量随着价格的提高而增多，随着价格的下降而减少。当供需均衡时，均衡价格就是供给价格和需求价格一致时的价格。同时，价格的功用就是在此物品"稀缺"的情况下，限制其消费的需求。整个价格决定的过程完全遵从"稀缺"原则。如土地的地租，根本上必须以土地稀缺性进行解释，因为土地稀缺，因此使用土地必须有一个价格，以限制其需求。

环境资源是人类生产发展和享受不可缺少的自然资源，对人类具有巨大的效用。20世纪60年代以来，随着环境污染、资源耗竭、生态破坏的日益加剧，各种环境资源都表现出"稀缺"的特性，因此环境资源具有价值。

 三、基于生态补偿论的阐述

环境系统是由生态系统和社会经济系统组成的开放系统。社会经济系统与生态系统有着极为密切的关系，它们不断地进行着物质与能量的交换。在这种循环过程中，社会经济系统的发展要从自然生态系统取得作为原材料的自然资源产品，同时又将生产和生活的废弃物返回到自然生态系统中，不仅消耗了自然生态系统的物质，也降低了自然生态系统的质量。这种情况说明，社会经济系统生产和消费的产品的价值，不仅来自劳动生产，而且来自自然环境，因此自然环境是有价值的。要使社会经济系统能够持续发展，就必须使自然生态系统也能持续发展，这就要求社会经济系对自然生态系统做出生态补偿，包括实物量补偿和价值量补偿。生态系统价值补偿的办法之一，就是在产品成本和价格中加入环境成本。更进一步的考虑是，经济产品根据机会成本定价时，除了通常考虑的边际生产成本外，还要加上资源耗竭成本和环境损害成本。这种新加入的环境成本或资源耗竭成本和环境损害成本，就是环境有价值的具体体现。

 四、环境价值理论的意义

承认环境资源有价值，具有重大的意义：

1. 为环境资源的有偿使用提供了理论依据

环境资源具有价值，对于有价值的物品，当然不能无偿使用，而应有偿使用。因此，对环境资源也应有偿使用，对环境资源实行有偿使用对我国的环境资源的合理开发、利用和进行环境保护工作提供了良好的条件。在实际工作中，现行的政策中，我国的许多政策已经体现了环境资源有偿使用的原则，如征收排污费、征收资源税（费）等都体现了对环境资源的有偿使用。

2. 为合理制定环境资源的价格和健全环境资源市场奠定了基础

价格是价值的货币表现，承认环境资源有价值，就可根据环境资源的价值，确定合理的环境资源的价格。承认环境资源有价值，对那些直接从环境系统取得自然物质和能量的农业、能源、采矿等部门生产出来的农产品、矿产品、能源等产品的价格应相应提高，建立合理的产品比价。

3. 有利于充分运用经济手段管理环境资源和进行环境保护工作

环境问题是由于对环境资源的不合理利用而造成的。运用经济手段来管理环境资源非常有效。承认环境资源有价值，经济手段才能在环境资源的开发、利用、管理中发挥其最大作用。承认环境资源有价值，就可以利用各种经济杠杆和经济规律来调节环境资源的占有和使用。承认环境资源有价值，也有利于用经济手段管理环境。如排污许可证交易制度，实际上是给有价值的环境容量资源制定一个合适的市场价格，使之同其他商品一样，在各个排污者之间进行交换。

第二节　环境价值的构成

国内外环境界对环境价值的构成有两种分类法。第一种分类是将环境资源的价值称为环境的总经济价值或环境总价值。环境总值（TEV）包括两个组成部分，即使用价值或有用价值（UV）和非使用价值或内在价值（NUV）；使用价值又分为直接用价值（DUV）、间接使用价值（UV）和选择价值（OV）；非使用价值分为存在价值（EV）和遗赠价值（BV），表 7－1 概括了环境价值的构成。写成公式就是：

$$TEV = UV + NUV = (DUV + IUV + OV) + (EV + BV)$$

表 7 - 1　　　　　　　　　　　　　环境机制的构成之一

环境总价值（TEV）	使用价值（UV）	直接使用价值（DUV）	可直接消耗的量	食物；生物量；娱乐；健康
		间接使用价值（IUV）	功能效益	生态功能；生物控制；风暴防护
		选择价值（OV）	将来的直接或间接使用价值	生物多样性；保护生存栖息地
	非使用价值（NUV）	存在价值（EV）	继续存在的知识价值	生存栖息地；濒危物种
		遗赠价值（BV）	为后代遗留下来的使用价值和非使用价值	生存栖息地；不可逆改变

资料来源：王玉庆：《环境经济学》，中国环境科学出版社 2002 年版。

　　环境资源的使用价值是指当某物品被使用或消费时，满足人们某种需要或爱好的作用或功能。是环境直接满足人们生产和消费需要的价值，也就是现在或未来环境资源通过商品和服务的形式为人类提供的福利。使用价值又分为直接使用价值、间接使用价值和选择价值。直接使用价值是由环境资源对目前的生产或消费的直接贡献来认定的，例如木材、药品、休闲娱乐、植物基因、教育、居住等都是森林的直接使用价值。间接使用价值包括从环境资源所提供的用来支持目前生产和消费活动的各种功能中，间接获得的效益，它类似于环境资源的生态功能所提供的效益。以森林资源为例，它的涵养水源、保持土壤、纳碳吐氧、净化环境、调节小气候等价值都属于间接使用价值范畴。它们虽然不直接进入生产和消费过程，但却为生产和消费的正常进行提供了必要的条件。选择价值又称期权价值，任何一种环境资源都具有选择价值。当代人在利用环境资源的时候，可能并不希望在本代就把它的功能耗尽。考虑到未来该环境资源的使用价值会更大，或者考虑到它的不确定性，或用另一种方式利用它可能对人的价值更大，如果现在用这种方式利用了这一环境资源，就不可能用别的方式或未来就不可能再获得该环境资源，因此要对何时和如何利用它作出选择。它相当于消费者为了避免未来环境资源短缺风险而保护未被利用的环境资源的支付意愿。

　　非使用价值是指环境资源的一种内在属性，它与人们是否使用它没有关系。人们普遍认为存在价值是它最主要的表现形式。存在价值是人们对环境资源价值的一种道德上的评判，包括人类对其他物种的同情和关注。就是说，人类不是出于任何功利的考虑，只是因为环境资源的存在而表现出的支付意愿，就是该环境资源的存在价值。如果人们相信所有的生物都有权继续生存在我们这个星球上，人类就必须保护这些生物，即使看起来它既没有使用价值也没有选择价值，绝大多数人还是对它的存在有支付意愿。所以，人们对环境资源存在的支付意愿，就是其存在价值的基础。如果某种环境资源是独特的，其存在价值就更为重要。随着人们环境意识的不断提高，这种存在价值不仅会成为总环境价值的重要组成部分，而且会越来越大。

　　非使用价值的另一个组成部分是遗赠价值。遗赠价值是指人们为保护某种环境资源而愿意作出支付，不是为了自己，而是为了把它留给后代人享用其使用价值和非使用价值。目前人们有两种观点，有的认为应该把它归类到使用价值中去，有的则认为应把它看作存在价值的组成部分。后者认为，存在价值在经济学家和环境保护主义者之间搭建了一个相互理解的桥梁，环境经济学试图用经济学理论和方法来解释和度量存在价值，认为环境资源之具有存在价值，是因为人们具有遗赠动机、馈赠动机和同情动机。遗赠动机是指人们愿意把某种资源保留下来遗赠给后代。馈赠动机同遗赠动机类似，但是赠给当代人。人类对其他生物的同情和存在价值的关联性较大。

第二种分类（如表 7 – 2 所示）是将环境价值分为两部分：一部分是比较实的有形的物质性的商品价值，另一部分是比较虚的无形的舒适性的服务价值。美国未来资源研究所的经济学家克鲁梯拉（John Krutilla）于 1967 年发表了题为《自然保护的再认识》的论文和《自然资源保护的再思考》专著，提出了"舒适型资源的经济价值理论"，并与费舍尔（Anthony C. Fisher）合著《自然环境经济学：商品性和舒适性资源价值研究》，将环境资源分为商品性资源和舒适性资源，并着重论述了舒适性资源的价值及其评估问题，从而使环境资源的价值理论更趋完善。

表 7 – 2　　　　　　　　　　　　　环境价值的构成之二

环境价值	物质性的商品价值	有形的资源价值	简称：资源价值
	舒适性的服务价值	无形的生态价值	简称：生态价值

资料来源：王玉庆：《环境经济学》，中国环境科学出版社 2002 年版。

第三节　环境价值理论的应用

环境价值的应用领域是十分广泛的。特别是在环境污染损失计量、环境保护措施的费用效益分析、环境管理和规划、环境资源核算以及环境管理综合决策中，都急需加入环境价值的考虑。

一、用于环境污染损失计量

过去人们计算环境污染造成的损失，大多只计算污染造成的生产损失、固定资产损失、健康损失，而不计环境质量损失。这是不考虑环境价值的结果。比如，有一个湖或一条河受到了严重污染，人们用它的水进行生产，一方面会对产品的产量和质量产生不利影响，造成生产损失；另一方面会对机器设备、厂房建筑和管道仪表产生腐蚀作用，使其寿命缩短、维修费增加，造成固定资产损失；人们生活中使用和饮用这种受污染的水，会引发疾病，从而造成健康损失。此外，该湖或河的水原来是清洁的现在受污染了，水的质量下降了，也就是造成了环境质量损失。所以，环境污染造成的损失应该包括生产损失、固定资产损失、健康损失和环境质量损失即环境价值损失四个部分。

计算生产损失时，要包括各类各种主要污染物对各产业造成的产量减少的损失和质量降低的损失。计算固定资产损失时，要考虑机器设备、仪表管道、厂房建筑等因污染腐蚀等作用而致寿命缩短的损失和增加的维修费损失。计算健康损失时，要考虑由于综合污染或由几种主要污染物污染造成的发病率和死亡率增加的损失。对于发病率增加造成的损失，要首先算出因污染而增加的发病人数，再算出患病者的平均直接劳动生产损失、由污染患病平均增加的医疗费用和平均所需陪护人员的误工损失三项之和，即为因污染使发病率增加造成的损失。对于死亡率增加造成的损失，为了避开直接给人的生命确定价值的伦理道德难题，可采用潜在寿命损失年法进行计算。就是说，要算出因污染而增加的死亡人数，乘以潜在生命损失年即平均期望寿命年龄与因污染致早逝者死亡时的平均实际年龄之差值，再乘以按社会平均工资水平计的一个人一年的工资收入，即为因污染造成死亡率增加的损失。因污染造成发病率增加的损失和因污染造成死亡率增加的损失之和就是因污染造成的健康损失。

计算环境质量损失，就是计算环境质量价值损失。它实际上是环境容量价值，即环境自然净化污染物能力的损失。是无形的生态价值，只有当污染存在的情况下，它才表现出来。因此，通常采用恢复费用法（或称复原费用法），就是用使受污染的环境基本恢复到原来的状态所需的治理费用，来代替环境质量降低的损失。由于环境质量损失可以用环境治理费用替代，所以，可在所讨论的某个地区选择计算若干有代表性的污染源的治理费用，然后加权平均，算出该地区单位污染物的治理费用，再乘以该地区的污染物排放总量，便可求得该地区的环境质量损失。

二、用于环境费用效益分析

环境费用效益分析是环境经济学的核心内容之一。它是目前国际上流行的对环保项目进行经济评估的方法和技术，是正确制定环境与经济协调发展政策的理论前提和主要工具，是将环境的费用和效益由定性评价到定量分析的一个必不可少的手段。环境费用效益分析的研究和应用，自20世纪60年代，英国、美国、联合国环境规划署等相继开展了研究，并有相应著作问世。我国迄今开展的环境污染损失计算、环境费用效益分析和环境影响评价中所采用的方法，基本上是从上述文献中借用过来的。这些方法的共同特点，就是在一定程度上加入了环境价值的考虑。关于环境费用效益分析将在第九章中详细介绍。

三、用于环境管理和规划

在环境管理工作中，环境价值的考虑更有重要作用。因为，环境保护是国民经济建设的重要组成部分。市场机制主要有价值决定机制、利益激励机制、供求调节机制和竞争胜汰机制。应该充分发挥这些机制的积极作用，避免它们的消极影响。其关键就是，在运用这些机制时充分考虑环境价值的因素。环境管理作为政府职能，也要更多地通过经济手段和法律手段加以实现。这就要求，在各种管理环境的手段中要考虑环境价值因素。以森林资源的管理为例，可以根据森林的生长和蓄积状况，在保证森林资源可持续发展的前提下，确定一个最佳采伐量，再算出与此相应的森林资源产品即原木的合理价格。价格改革是我国经济体制改革的重要组成部分。随着全球环境意识的高涨逐步由不考虑环境价值因素到考虑环境价值因素。所以，按照边际机会成本定价法的思路，对价格形成机制进行调整；在制定环保法规时，也要提出基于环境价值的理论和量化依据。

四、用于环境资源核算

实行环境核算并将其纳入国民经济核算体系，是实施可持续发展战略的重大措施之一。要进行环境核算，最重要的是在实物量核算的基础上进行价值量核算，包括有形的资源价值量和无形的生态价值量的核算。环境污染、生态破坏和资源耗竭等问题，都可以通过其价值量的形式，在国民经济总量指标中得到反映。将环境核算纳入国民经济核算体系至少有三条渠道：一是产值核算，即把环境资源价值的增值量当作资本形成来看待，把它加入总产值中，而把环境资源价值的贬值当作资本损耗来处理，从总产值中扣除。二是在国民财富核算中，增加一项环境资产。国民财富的核算应该从现在只核算固定资产和流动资产，再增加一项资源资产或环境资产。而且，随着社会主义市场经济体制的逐步建立，环境资源资产的出租、转让等交易活动会越来越多。三是投入产出核算，即环境保护实行产业化，环保部门作为一个独立的产业部门，与其他产业部门并列，共同列入产业部门投入产出平衡表。

第八章 环境问题与可持续发展理论

第一节 可持续发展理论的产生与发展

 一、可持续发展理论的产生

可持续发展理论的形成经历了相当长的历史过程。20 世纪五六十年代，人们在经济增长、城市化、人口、资源等所形成的环境压力下，对"增长 = 发展"的模式产生怀疑并展开讲座。1962 年，美国女生物学家蕾切尔·卡森（Rachel Carson）发表了一部引起很大轰动的环境科普著作《寂静的春天》，作者描绘了一幅由于农药污染所事业的可怕景象，惊呼人们将会失去"春光明媚的春天"，在世界范围内引发了人类关于发展观念上的争论。

10 年后，两位著名美国学者芭芭拉·沃德（Barbara Ward）和勒内·杜博斯（Rene Dubos）的享誉全球的著作《只有一个地球》问世，把人类生存与环境的认识扒向一个新境界，可持续发展的境界。同年，一个非正式国际著名学术团体即罗马俱乐部发表了有名的研究报告《增长的极限》（Limits to Growth），明确提出"持续增长"和"合理的持久的均衡发展"的概念。1987 年，以挪威首相布伦特兰（Gro Harlem Brundt land）为主席的联合国世界与环境发展委员会发表了一份报告《我们共同的未来》，正式提出可持续发展概念，并以此为主题对人类共同关心的环境与发展问题进行了全面论述，受到世界各国政府组织和舆论的极大重视，在 1992 年联合国环境与发展大会上可持续发展要领得到与会者共识与承认。

 二、可持续发展的内容

可持续发展理论（Sustainable Development Theory）是指既满足当代人的需要，又不对后代人满足其需要的能力构成危害的发展，以公平性、持续性、共同性为三大基本原则。

可持续发展理论的最终目的是达到共同、协调、公平、高效、多维的发展。

在具体内容方面，可持续发展涉及可持续经济、可持续生态和可持续社会三方面的协调统一，要求人类在发展中讲究经济效率、关注生态和谐和追求社会公平，最终达到人的全面发展。这表明，可持续发展虽然缘起于环境保护问题，但作为一个指导人类走向 21 世纪的发展理论，它已经超越了单纯的环境保护。它将环境问题与发展问题有机地结合起来，已经成为一个有关社会经济发展的全面性战略。具体地说：

（1）在经济可持续发展方面：可持续发展鼓励经济增长而不是以环境保护为名取消经济增长，因为经济发展是国家实力和社会财富的基础。但可持续发展不仅重视经济增长的数量，更追求经济发展的质量。可持续发展要求改变传统的以"高投入、高消耗、高污染"为特征的生产模式和消费模式，实施清洁生产和文明消费，以提高经济活动中的效益、节约资源和减少废物。从某种角度上，可以说集约型的经济增长方式就是可持续发展在经济方面的体现。

（2）在生态可持续发展方面：可持续发展要求经济建设和社会发展要与自然承载能力相协调。发展的同时必须保护和改善地球生态环境，保证以可持续的方式使用自然资源和环境成本，使人类的发展控制在地球承载能力之内。因此，可持续发展强调了发展是有限制的，没有限制就没有发展的持续。生态可持续发展同样强调环境保护，但不同于以往将环境保护与社会发展对立的做法，可持续发展要求通过转变发展模式，从人类发展的源头、从根本上解决环境问题。

（3）在社会可持续发展方面：可持续发展强调社会公平是环境保护得以实现的机制和目标。可持续发展指出世界各国的发展阶段可以不同，发展的具体目标也各不相同，但发展的本质应包括改善人类生活质量，提高人类健康水平，创造一个保障人们平等、自由、教育、人权和免受暴力的社会环境。这就是说，在人类可持续发展系统中，生态可持续是基础，经济可持续是条件，社会可持续才是目的。下一世纪人类应该共同追求的是以人为本位的自然—经济—社会复合系统的持续、稳定、健康发展。

作为一个具有强大综合性和交叉性的研究领域，可持续发展涉及众多的学科，可以有不同重点的展开。例如，生态学家着重从自然方面把握可持续发展，理解可持续发展是不超越环境系统更新能力的人类社会的发展；经济学家着重从经济方面把握可持续发展，理解可持续发展是在保持自然资源质量和其持久供应能力的前提下，使经济增长的净利益增加到最大限度；社会学家从社会角度把握可持续发展，理解可持续发展是在不超出维持生态系统涵容能力的情况下，尽可能地改善人类的生活品质；科技工作者则更多地从技术角度把握可持续发展，把可持续发展理解为是建立极少产生废料和污染物的绿色工艺或技术系统。

三、可持续发展的基本原则

1. 公平性原则

所谓公平是指机会选择的平等性。可持续发展的公平性原则包括两个方面：一方面是本代人的公平即代内的横向公平；另一方面是指代际公平性，即世代之间的纵向公平性。可持续发展要满足当代所有人的基本需求，给他们机会以满足他们过美好生活的愿望。可持续发展不仅要实现当代人之间的公平，而且也要实现当代人与未来各代人之间的公平，因为人类赖以生存与发展的自然资源是有限的。从伦理上讲，未来各代人应与当代人有同样的权力来提出他们对资源与环境的需求。可持续发展要求当代人在考虑自己的需求与消费的同时，也要对未来各代人的需求与消费负起历史的责任，因为同后代人相比，当代人在资源开发和利用方面处于一种无竞争的主宰地位。各代人之间的公平要求任何一代都不能处于支配的地位，即各代人都应有同样选择的机会空间。

2. 持续性原则

这里的持续性是指生态系统受到某种干扰时能保持其生产力的能力。资源环境是人类生存与发展的基础和条件，资源的持续利用和生态系统的可持续性是保持人类社会可持续发展的首要条件。这就要求人们根据可持续性的条件调整自己的生活方式，在生态可能的范围内确定自己的消耗标准，要合理开发、合理利用自然资源，使再生性资源能保持其再生产能力，非再生性资源不至过度消耗并能得到替代资源的补充，环境自净能力能得以维持。可持续发展的可持续性原则从某一个侧面反映了可持续发展的公平性原则。

3. 共同性原则

可持续发展关系到全球的发展。要实现可持续发展的总目标，必须争取全球共同的配合行动，这是由地球整体性和相互依存性所决定的。因此，致力于达成既尊重各方的利益，又保护全球环境与发展体系的国际协定至关重要。正如《我们共同的未来》中写的，"今天我们最紧迫的任务也许是要说服各国，认识回到多边主义的必要性"，"进一步发展共同的认识和共同的责任感，是这个分裂的世界十分需要的"。这就是说，实现可持续发展就是人类要共同促进自身之间、自身与自然之间的协调，这是人类共同的道义和责任。

四、可持续发展的基本思想

1. 可持续发展并不否定经济增长

经济发展是人类生存和进步所必需的，也是社会发展和保持、改善环境的物质保障。特别是对发展中国家来说，发展尤为重要。目前发展中国家正经受贫困和生态恶化的双重压力，贫困是导致环境恶化的根源，生态恶化更加剧了贫困。尤其是在不发达的国家和地区，必须正确选择使用能源和原料的方式，力求减少损失、杜绝浪费，减少经济活动造成的环境压力，从而达到具有可持续意义的经济增长。既然环境恶化的原因存在于经济过程之中，其解决办法也只能从经济过程中去寻找。目前急需解决的问题是研究经济发展中存在的扭曲和误区，并站在保护环境，特别是保护全部资本存量的立场上去纠正它们，使传统的经济增长模式逐步向可持续发展模式过渡。

2. 可持续发展以自然资源为基础，同环境承载能力相协调

可持续发展追求人与自然的和谐。可持续性可以通过适当的经济手段、技术措施和政府干预得以实现，目的是减少自然资源的消耗速度，使之低于再生速度。如形成有效的利益驱动机制，引导企业采用清洁工艺和生产非污染物品，引导消费者采用可持续消费方式，并推动生产方式的改革。经济活动总会产生一定的污染和废物，但每单位经济活动所产生的废物数量是可以减少的。如果经济决策中能够将环境影响全面、系统的考虑进去，可持续发展是可以实现的。"一流的环境政策就是一流的经济政策"的主张正在被越来越多的国家所接受，这是可持续发展区别于传统的发展的一个重要标志。相反，如果处理不当。环境退化的成本将是十分巨大的，甚至会抵消经济增长的成果。

3. 可持续发展以提高生活质量为目标，同社会进步相适应

单纯追求产值的增长不能体现发展的内涵。学术界多年来关于"增长"和"发展"的辩论已达成共识。"经济发展"比"经济增长"的概念更广泛、意义更深远。若不能使社会经济结构发生变化，不能使一系列社会发展目标得以实现，就不能承认其为"发展"，就是所谓的"没有发展的增长"。

4. 可持续发展承认自然环境的价值

这种价值不仅体现在环境对经济系统的支持和服务上，也体现在环境对生命支持系统的支持上，应当把生产中环境资源的投入计入生产成本和产品价格之中，逐步修改和完善国民经济核算体系，即"绿色GDP"。为了全面反映自然资源的价值，产品价格应当完整地反映三部分成本：资源开采或资源获取成本；与开采、获取、使用有关的环境成本，如环境净化成本和环境损害成本；由于当代人使用了某项资源而不可能为后代人使用的效益损失，即用户成本。产品销售价格应该是这些成本加上税及流通费用的总和，由生产者和消费者承担，最终由消费者承担。

5. 可持续发展是培育新的经济增长点的有利因素

通常情况认为，贯彻可持续发展要治理污染、保护环境、限制乱采滥发和浪费资源，对经济发展是一种制约、一种限制。而实际上，贯彻可持续发展所限制的是那些质量差、效益低的产业。在对这些产业做某些限制的同时，恰恰为那些质优、效高，具有合理、持续、健康发展条件的绿色产业、环保产业、保健产业、节能产业等提供了发展的良机，培育了大批新的经济增长点。

第二节　可持续发展理论基本框架

一、可持续发展的基础理论

1. 经济学理论

（1）增长的极限理论。是德内拉·梅多斯（D. H. Meadows）在其《增长的极限》

一文中提出的有关可持续发展的理论，该理论的基本要点是：运用系统动力学的方法，将支配世界系统的物质关系、经济关系和社会关系进行综合，提出了人口不断增长、消费日益提高，而资源则不断减少、污染日益严重，制约了生产的增长；虽然科技不断进步能起到促进生产的作用，但这种作用是有一定限度的，因此生产的增长是有限的。

（2）知识经济理论。该理论认为经济发展的主要驱动力是知识和信息技术，知识经济将是未来人类的可持续发展的基础。

2. 可持续发展的生态学理论

所谓可持续发展的生态学理论是指根据生态系统的可持续性要求，人类的经济社会发展要遵循生态学三个定律：一是高效原理，即能源的高效利用和废弃物的循环再生产；二是和谐原理，即系统中各个组成部分之间的和睦共生，协同进化；三是自我调节原理，即协同的演化着眼于其内部各组织的自我调节功能的完善和持续性，而非外部的控制或结构的单纯增长。

3. 人口承载力理论

所谓人口承载力理论是指地球系统的资源与环境，由于自身自组织与自我恢复能力存在一个阈值，在特定技术水平和发展阶段下的对于人口的承载能力是有限的。人口数量以及特定数量人口的社会经济活动对于地球系统的影响必须控制在这个限度之内，否则就会影响或危及人类的持续生存与发展。这一理论被喻为20世纪人类最重要的三大发现之一。

4. 人地系统理论

所谓人地系统理论，是指人类社会是地球系统的一个组成部分，是生物圈的重要组成，是地球系统的主要子系统。它是由地球系统所产生的，同时又与地球系统的各个子系统之间存在相互联系、相互制约、相互影响的密切关系。人类社会的一切活动，包括经济活动，都受到地球系统的气候（大气圈）、水文与海洋（水圈）、土地与矿产资源（岩石圈）及生物资源（生物圈）的影响，地球系统是人类赖以生存和社会经济可持续发展的物质基础和必要条件；而人类的社会活动和经济活动，又直接或间接影响了大气圈（大气污染、温室效应、臭氧洞）、岩石圈（矿产资源枯竭、沙漠化、土壤退化）及生物圈（森林减少、物种灭绝）的状态。人地系统理论是地球系统科学理论的核心，是陆地系统科学理论的重要组成部分，是可持续发展的理论基础。

二、可持续发展的核心理论

可持续发展的核心理论，尚处于探索和形成之中。目前已具雏形的流派大致可分为以下几种：

1. 资源永续利用理论

资源永续利用理论流派的认识论基础在于：认为人类社会能否可持续发展决定于人类社会赖以生存发展的自然资源是否可以被永远地使用下去。基于这一认识，该流派致力于探讨使自然资源得到永续利用的理论和方法。

2. 外部性理论

外部性理论流派的认识论基础在于：认为环境日益恶化和人类社会出现不可持续发展现象和趋势的根源，是人类迄今为止一直把自然（资源和环境）视为可以免费享用的"公共物品"，不承认自然资源具有经济学意义上的价值，并在经济生活中把自然的投入排除在经济核算体系之外。基于这一认识，该流派致力于从经济学的角度探讨把自然资源纳入经济核算体系的理论与方法。

3. 财富代际公平分配理论

财富代际公平分配理论流派的认识论基础在于：认为人类社会出现不可持续发展现象和趋势的根源是当代人过多地占有和使用了本应属于后代人的财富，特别是自然财富。基于这一认识，该流派致力于探讨财富（包括自然财富）在代际之间能够得到公平分配的理论和方法。

4. 三种生产理论

三种生产理论流派的认识论基础在于：人类社会可持续发展的物质基础在于人类社会和自然环境组成的世界系统中物质的流动是否通畅并构成良性循环。他们把人与自然组成的世界系统的物质运动分为三大"生产"活动，即人的生产、物资生产和环境生产，致力于探讨三大生产活动之间和谐运行的理论与方法。

 三、可持续发展理论流派

与任何经济理论和概念的形成和发展一样，可持续发展概念形成了不同的流派，这些流派或对相关问题有所侧重，或强调可持续发展中的不同属性，从全球范围来看，比较有影响的有以下几类：

1. 着重于从自然属性定义可持续发展

较早的时候，持续性这一概念是由生态学家首先提出来的，即所谓生态持续性。它旨在说明自然资源及其开发利用程度间的平衡。1991 年 11 月，国际生态学协会（IN-TECOL）和国际生物科学联合会（IUBS）联合举行关于可持续发展问题的专题研讨会。该研讨会的成果不仅发展而且深化了可持续发展概念的自然属性，将可持续发展定义为：保护和加强环境系统的生产和更新能力。从生物圈概念出发定义可持续发展，是从自然属性方面定义可持续发展的一种代表，即认为可持续发展是寻求一种最佳的生态系统以支持生态的完整性和人类愿望的实现，使人类的生存环境得以持续。

2. 着重于从社会属性定义可持续发展

1991 年，由世界自然保护同盟、联合国环境规划署和世界野生生物基金会共同发表了《保护地球——可持续生存战略》（Caring for the Earth：A Strategy for Sustainable Living）（简称《生存战略》）。《生存战略》提出的可持续发展定义为："在生存于不超出维持生态系统涵容能力的情况下，提高人类的生活质量"，并且提出可持续生存的九条基本原则。在这九条基本原则中，既强调了人类的生产方式与生活方式要与地球承载能力保持平衡，保护地球的生命力和生物多样性，同时，又提出了人类可持续发展的价值观和 130 个行动方案，着重论述了可持续发展的最终落脚点是人类社会，即改善人类的生活质量，创造美好的生活环境。《生存战略》认为，各国可以根据自己的国情制定各不相同的发展目标。但是，只有在"发展"的内涵中包括有提高人类健康水平、改善人类生活质量和获得必须资源的途径，并创造一个保持人们平等、自由、人权的环境，"发展"只有使我们的生活在所有这些方面都得到改善，才是真正的"发展"。

3. 着重于从经济属性定义可持续发展

这类定义有不少表达方式。不管哪一种表达方式，都认为可持续发展的核心是经济发展。在《经济、自然资源、不足和发展》一书中，作者巴伯（Edward B. Barbier）把可持续发展定义为"在保持自然资源的质量和其所提供服务的前提下，使经济发展的净利益增加到最大限度"。还有的学者提出，可持续发展是"今天的资源使用不应减少未来的实际收入"。当然，定义中的经济发展已不是传统的以牺牲资源和环境为代价的经济发展，而是"不降低环境质量和不破坏世界自然资源基础的经济发展"。

4. 着重于从科技属性定义可持续发展

实施可持续发展，除了政策和管理国家之外，科技进步起着重大作用。没有科学技术的支持，人类的可持续发展便无从谈起。因此，有的学者从技术选择的角度扩展了可持续发展的定义，认为"可持续发展就是转向更清洁、更有效的技术，尽可能接近'零排放'或'密闭式'工艺方法，尽可能减少能源和其他自然资源的消耗"。还有的学者提出，"可持续发展就是建立极少产生废料和污染物的工艺或技术系统"。他们认为，污染并不是工业活动不可避免的结果，而是技术差、效益低的表现。

5. 被国际社会普遍接受的布氏定义的可持续发展

1988 年以前，可持续发展的定义或概念并未正式引入联合国的"发展业务领域"。1987 年，布伦特兰夫人主持的世界环境与发展委员会，对可持续发展给出了定义："可持续发展是指既满足当代人的需要，又不损害后代人满足需要的能力的发展。" 1988 年春，在联合国开发计划署理事会全体委员会的磋商会议期间，围绕可持续发展的含义，发达国家和发展中国家展开了激烈争论，最后磋商达成一个协议，即请联合国环境理事会讨论并对"可持续发展"一词的含义，草拟出可以为大家所接受的说明。1981 年 5 月举行的第 15 届联合国环境署理事会期间，经过反复磋商，通过了《关于可持续的发展的声明》。

第Ⅲ部分　环境经济评价方法

第九章 环境影响的费用效益分析

对于那些任何浓度都会影响人类健康的污染物，如地面臭氧，至今为止的研究还无法确定臭氧在何种浓度之下不会对人体健康造成影响。如果想全面消除人类产生的臭氧，可能需要全面禁止驾车，拆除火力发电站，也许还要对餐厅产生的废气进行管理。那么这时就应该依据费用效益分析来判断是要采取严格环境管理，还是平衡社会经济效益进行宽松的管理。

费用效益分析是一种衡量效率的有效方法。本章重点讨论费用效益分析方法的原理、构成要素、实践以及环境价值的经济评价方法。

第一节 费用效益分析的基本原理

费用效益分析的目的在于识别一项活动的收益是否能够超过成本。从 1936 年的《洪水控制法案》（Flood Control Act）中看出，美国的费用效益分析起源于水管理项目。而今天，从道路和大坝建设到濒危物种保护和健康与安全管理，费用效益分析方法广泛应用于很多国家政府的各种活动中。

一、费用效益分析的基本框架

人类的大多数社会经济活动都会对环境造成影响，其中也包括政策和开发项目对环境造成的影响。因此，有必要对环境造成的影响进行价值评估或者经济分析。费用效益分析就是评估这些影响的主要评价技术，是目前普遍应用的方法。

环境影响的费用效益分析理论基础是，环境作为一种资源，其价值变动一定会反映在相关主体由于环境影响而发生的成本或收益变化上。环境影响包括环境的改善和环境的退化。当发生环境改善时，形成的价值称为环境效益，当发生环境退化时所带来的成本称为环境损失费用或者环境成本，因此环境费用或环境效益就是环境变化的价值表现形式。

费用效益分析通常是评价项目或政策的实施对社会福利水平的影响，其中包括经济、社会和环境等各方面的影响。费用效益分析的基本框架（见图 9-1）：（1）项目的产出效果中既包括正效益，也包括负效益（损失），这种负效益（损失）构成损失费用，与投入费用一起形成总费用。（2）广义的费用效益分析应包括经济、社会、环境等反映社会福利水平的不同方面，而不是仅仅考虑项目或政策产出的直接经济效果。（3）虚框部分反映的是项目或政策对自然系统和环境资源造成的正负两个方面的影响，表现为环境效益和环境费用。费用效益分析正是通过对这一部分价值的估算把人们对环境的关注纳入项目或政策的经济分析（可行性研究）范畴之内，以使经济分析的结果能够真实地反映项目或政策对社会经济环境所产生的真实效果。

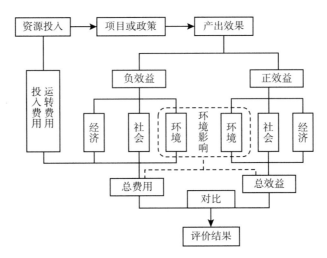

图 9-1 费用效益分析的基本框架

资料来源：马中：《环境与自然资源经济学概论》（第二版），高等教育出版社 2002 年版。

 ## 二、费用效益分析的重要假设

费用效益分析以新古典经济学理论为基础，强调个人消费主权的哲理。因此，有以下几个重要假设：

（1）一个人的满足程度与他的经济福利水平可以用人们为消费商品和劳务而愿意支付的价格来衡量。

（2）用个人货币值的累加来计量社会效益。

（3）满足帕累托最优条件，即社会处于这样一种状态，对这种状态的任何改变，不能再使任何一个成员的福利增加，而同时不使其他人的福利减少，社会达到尽善尽美的境界。但是，在任何变革中部分人受益难免不使部分人受损，因而提出了希克斯—卡尔多补偿原则，即如果在补偿受损失者之后，受益者仍比过去好，对社会就有益。

（4）当社会净效益即社会总效益与社会费用之差最大化时，社会资源的使用在经济上才是最有效的。也可称为社会资源最优配置。

费用效益分析要在这几个基本假设条件下对环境影响进行评价。

第二节 费用效益分析方法的基本要素

费用效益分析方法的要素包括收益、成本、所选项目与替代选择之间的收益与成本的对比，以及贴现率。从理论上来说，这些内容都很简单，从实践上来说，这些内容都很难估计。

 一、收益的估算

一个项目的产出价值就是这个项目的收益。例如，大坝可以加强洪水控制能力、生产电力、提高流域的通航能力，也可以为农业或城市提水资源，增加的农产品等市场交易物品都是项目的收益。还有非市场的环境物品也是项目产生的收益。比如，建立大坝的目的是增加水生生物栖息地，为市民提供在河岸休闲的机会；减少空气污染可以降低死亡率和疾病发生率，减少烟雾对于景色的影响；修建一条新的道路可以减少人们通勤的时间，还因为可以直达目的地而额外减少碳排放等。这些都是费用收益分析中考虑的直接和主要的收益。

评估一项活动或者项目收益最重要的一条就是将所有收益都列出来。在评估与产量相关的消费者剩余时，譬如增加的电力供应的市场价值等收益可以通过货币单位进行量化。而将河岸休闲转变成湖岸休闲产生的收益就很难进行量化，也很难评价这些收益的价值。但即使很难量化项目的所有收益或者进行货币衡量，有必要将所有的收益识别出来。

估算收益的第一步是明确项目预计产出的数量。这时应考虑的是项目所带来的额外变化。对于很难用市场价格估算的收益需要采取一定的技术手段来估值，我们将在第十章具体介绍这些方法。

 二、费用的估算

项目费用指的是用于运行项目的投入，包括原材料、设备、劳动力、能源以及开展项目需要的其他所有物品和服务。和收益估算一样，可以通过分析得到项目费用估算所需的大多数投入数据。

费用估算需要考虑项目涉及的所有成本。项目造成的环境损害，比如因修建大坝受到损害的鱼类与古迹等，都属于项目的成本。环境损害究竟算是成本还是收益减少，有时候难以确定。比如，空气质量的改善。空气质量改善指从空气中清除一种污染物，并将污染物作为垃圾填埋，此时垃圾填埋造成的损害算是成本还是收益减少就需要慎重分析。将环境损害纳入费用估算的范围是很重要的。但究竟是增加成本还是减少收益只有在计算费用收益比率时才重要。

只有与项目相关的成本才是项目成本。比如，施工设备通常用于多个项目，因此，将项目施工所用设备成本全部当作项目成本就会高估项目成本。将设备用于项目产生了一个机会成本。因此，设备在项目建设期间的租赁费用可以作为评估项目实际成本的一个标准。采用机会成本作为项目成本这一原则同样可以用于劳动力成本。

 ## 三、用费用效益分析法比较可替代政策

基于费用效益分析法找到的最优选择是否是最佳方案取决于有哪些替代方案。可以让不同项目竞争同一笔资金。资金是有限的，不可能同时开展所有能产生正净收益的项目，那么找到能够使投资的净收益最大的项目，就可以最好地实现目的。

选择在不同时期开展同一个项目也构成了竞争关系。一旦项目开展，就失去了不开展项目的机会，而不开展项目却可以一直保留在将来开展这个项目的机会，这就是选择价值。这个观点由两部分组成。其中一部分与了解未来的情况有关，假设建大坝之前将珍贵品种的鱼转移到其他的河流中，直到该种类鱼可以在其他河流中存活为止。尽管这会使大坝的收益延期，却能够降低珍贵鱼种的灭绝引发的成本。第二部分与未来的不确定相关，如果当地社区在没有大坝的情况下也可以发展，那么就应该等待并观察社区是否实现了经济发展。如果确实能够发展，那么可能就没有必要建设大坝。如果没有实现经济发展，还有机会通过建设大坝来带动地方经济发展。尽管地方经济发展延后了，但是可以避免不必要的淹没土地。出于这个理由，如果可以选择什么时候建设项目，等待以获得更多信息可能带来更大的净收益。

 ## 四、贴现率

费用效益分析所研究的问题，往往跨越较长的时间，任何环保项目或政策的费用和得到的效益都与建设周期、工程项目的使用寿命以及政策执行的长短有关，同时费用和效益发生的时间也不尽相同，因此要考虑时间因素。

为了比较不同时期的费用和效益，人们对未来的费用和效益打一个折扣，在经济计算中，用贴现率作为折扣的量度，考虑了一定贴现率的未来的费用和效益称为费用或效益的现值。

关于贴现率的选择会影响活动风险、通货膨胀率的作用以及公众对未来的公共投资的观点等因素。在很多情况下，使用真实值（并非名义值）来消除通货膨胀率可以使分析变得简单。出于简单化的考虑，很多政府部门建议在所有的部门项目中都使用它们选定的贴现率。对同一个地点的不同项目进行评价时，如果使用了相同的贴现率，净现值的计算会变得容易。不过，使用多个贴现率相对于使用单一的贴现率，可以提供更多的信息。如果在贴现率范围内，无论使用什么贴现率，项目的净现值都是正的（或负

的），那么就能充分证明项目拥有净收益。关于贴现率将在下一小节展开讨论。

第三节 贴现计算与费用效益比较方法

由于现实生活中很多资源配置问题，比如项目实施等都涉及在不同时间和不同时代之间进行选择的问题，比如项目的实施及运行通常要几年到几十年，污染物也会随时间而累积，非再生资源一经开发就会随时间减少，因此，必须把时间的因素考虑进来，从而有可能对发生在不同时间的费用和效益进行对比。本节主要介绍贴现的计算、费用效益分析的比较方法。

 ## 一、贴现的计算

为了比较发生在不同时间的费用和效益，在项目评估中，通常都要通过一定的方式把发生在未来（或不同时间）的费用和效益转化为现值（present value，PV），以便进行比较。这种计算现值的方式就叫贴现。

货币的价值与时间具有密不可分的关系。比如今天的 100 元，就比一年后的 100 元具有更高的价值。这是因为，如果今天把 100 元存入银行，假设利率为 10%，那么，一年后就变成了 110 元。

贴现与利息的计算有关。利息一般有两种计算方式，即单利和复利。单利是以资本本金为基数计算利息的方法，每个计息周期的利息不变。复利是按本金和前期累计的利息总额之和计算利息的方法，也就是把上一年的利息作为下一年的本金再计息。

假设贷款本金为 1000 元，年利率为 8%，货款期为 5 年，按单利和复利计算的结果分别为，以单利的方式计算 5 年之后其本金利息之和为 1400 元；以复利方式计算则为1469.33 元。

计算费用效益的现值，一般采用复利的方式。对于未来第 n 年获得的效益或费用的现值公式为：

$$PV(B_n \text{ 或 } C_n) = (B_n \text{ 或 } C_n)/(1+r)^n$$

式中：

$PV(B_n \text{ 或 } C_n)$：效益现值或费用现值；

$B_n \text{ 或 } C_n$：发生在第 n 年的效益或费用；

r：社会贴现率。

如果从现在到未来的第 n 年中会发生一系列的效益和费用，则这些发生在不同年份的效益和费用的贴现公式分别为：

$$PV(B_i) = \sum B_i/(1+r)^i$$
$$PV(C_i) = \sum C_i/(1+r)^i$$

式中：

B_i，C_i：发生在第 i 年的效益或费用；

n：计算期；

r：社会贴现率。

通过上述计算就可以把估算出的发生在不同时期的费用和效益进行贴现，并都计算为现值，从而可以进行费用效益的比较。

 ## 二、费用和效益的比较方法

下面从三个角度对费用和效益进行比较，分别是：净现值、效益成本比和内部收益率。

1. 净现值

费用效益分析试图使项目的净现值最大。净现值（NPV）是收益现值和成本现值之差。也就是说，如果 B 是收益现值，C 是成本现值，那么 NPV = B – C。如果 NPV 大于零，收益超过了成本。如果 NPV 小于零，则收益小于成本。假设大坝的建设成本为 1000 万元，收益现值为 2000 万元，那么净现值就是 1000 万元。

2. 效益成本比

效益成本比（benefit cost ratio，BCR）等于收益的现值除以成本的现值，即 BCR = B/C。如果净现值大于零，那么 BCR 大于 1。

如果我们仅仅对一个项目进行评估，那么 NPV 和 BCR 告诉我们同样的信息，唯一不同的是一个使用比值来传达信息，一个使用绝对值来表示。比如，对于成本 1000 万元的大坝，收益现值为 2000 万元，那么 BCR = 2000/1000 = 2。无论用哪个方法，都可以得到收益大于成本的信息。

但是政府面对的决策往往是更加复杂的。有时候，一个部门需要在两个或者更多的相互排斥的项目中进行选择。在这种情况下，用净现值在诸多项目中进行选择比用效益成本比更好。在另外一些情况下，政府部门需要在一系列投资相同的项目中进行选择。这时候，效益成本比可以提供更多有用的信息。

当两个或以上的可以相互替代的项目竞争同一块项目建设用地，并且不同项目使用的建设费用也不一样时，根据效率原则，政府部门会挑选出能够产生最大净现值的那个项目。使用各个项目的净现值对这些项目进行排序可以很容易地识别出这些项目中最有效率的一个。

当项目的条件一定时，使用效益成本比比使用净现值可以更好地对项目进行排序。尽管有时几个项目都是可行的，而且并不是相互排斥的，但是这些项目可用的资金却是固定的。也就是说，目标在于用有限的成本来获得最大的收益。所以，当项目的资金有限时，使用效益成本比挑选项目可以得到最高的净现值。反过来，如果项目资金充裕，不受限制，但是不同项目之间相互排斥，那么利用净现值来对项目排序可以得到最高的净现值。

3. 内部收益率

内部收益率（internal rate of return，IRR）是使项目的净现值为零时的利率。换句话说，内部收益率就是使成本的净现值和收益的净现值相同时的利率。当公司需要支付利息获取项目资金时，公司会对项目的内部收益率进行分析。通常用项目的内部收益率和项目的必要收益率进行比较。必要收益率（hurdle rate）是企业用于目的资金的机会成本。如果内部收益率超过了必要收益率，那么项目的收益比成本高。

下面继续讨论如何寻找一个项目的内部收益率，项目成本是先期发生，而收益将在未来某时期得到。内部收益率可以通过求解下面这个等式得到：

$$收益/(1+IRR)^t - 成本 = 0$$

如果用贴现率代替内部收益率，那么等式左边的部分就是项目的现值。

内部收益率和净现值不同，它无法在很多相互排斥的项目中进行选择。并且，项目资金有限时，内部收益率无法帮助我们判断什么项目更值得开展，这里需要的是效益成本比。但是，内部收益率提供的是基本条件，如果项目无法超过必要收益，这个项目就不值得开展。

三、费用效益分析的步骤

第一步，识别项目的费用和效益。首先需要确定分析范围，识别主要的环境影响。弄清楚环境工程或政策的目标、分析环境问题所涉及的地域范围、列出解决这一环境问题的各个对策方案、明确各个对策方案跨越的时间范围，弄清环境影响因子。其次，要分析和确定重要环境影响的物理效果。环境问题带来的经济损失，是由于环境资源的功能遭到破坏，反过来影响经济活动和人体健康。因此要弄清楚被研究对象的功能是什么。然后，通过价值评估技术对上述物理效果进行货币估值。关于货币估值的技术将在后面的环境价值评估方法估算中具体介绍。

第二步，对计算出的费用和效益进行贴现，计算现值。

第三步，比较贴现后的费用和效益。把环境影响的费用和效益的现值与其他方面的费用和效益现值相加，求出总的费用现值和效益现值。然后通过净现值、效益成本比、内部收益率进行比较，并做出决策。计算总费用时要包括所发生的所有直接和间接成本，同时减去可能的成本节约。计算效益时要包括所发生的所有直接和间接效益。

四、费用效益分析的作用

根据决策对于环境价值评估的不同要求，费用效益分析服务于不同的阶段。首先是决策制定阶段，包括政府制定规划、政策和项目的过程。接下来是决策评价的阶段，即进行费用效益分析。如果政府的决策目标是追求环境资源利用向关联的净经济价值最大化，按照这样的评价原则，通过费用效益分析，政府可以发现决策中的不合理的地方，返回到决策程序，修改原来的决策方案；合理的决策则通过评价阶段后进入执行阶段。决策实施后再进入决策的后评估阶段，对行动结果进行评价，评价的结果可以为制定新决策或修改决策提供指导意见和信息。此过程如图 9－2 所示。

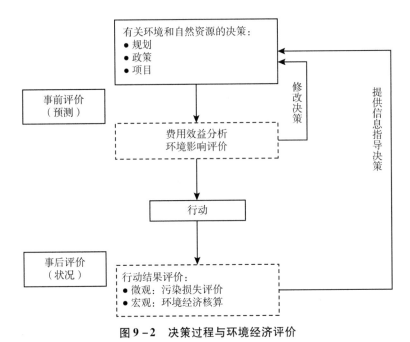

图 9－2　决策过程与环境经济评价

资料来源：马中：《环境与自然资源经济学概论》（第二版），高等教育出版社 2002 年版。

第十章 环境价值评估

因为缺乏环境物品或服务市场，现有市场又不能准确反映，甚至完全忽略环境物品和服务的价值，导致环境物品或服务在市场上低价甚至是无价。评估环境损害和效益的经济价值为制定环境政策提供了技术基础，是将环境问题的经济影响纳入综合决策过程的一个重要步骤。本章着重介绍几种环境经济评价方法及其应用。

第一节 环境价值评估法的分类

环境价值评估方法，又称环境影响的经济评价技术，有时也称货币化技术或环境经济评价技术。它通过一定的手段，对环境（包括组成环境的要素、环境质量）所提供的物品或服务进行定量评估，并通过货币的形式表示出来。利用环境经济评价方法，就可以像其他具有货币价值的商品一样，把环境物品纳入社会经济活动的费用和效益分析之中。

环境经济评价是要反映个人的经济偏好。人类对于环境质量和自然资源保护的偏好对资源配置产生重要影响。环境经济评价的基础是人们对于环境改善的支付意愿，或是忍受环境损失的接受赔偿意愿。因此，环境经济评价是从估计人们的支付意愿或接受赔偿意愿入手。一般来说，获得人们支付意愿或接受赔偿意愿的途径主要有三个：直接受到影响物品的相关信息，如酸雨造成的农产品产量的下降，产量下降引起的损失就是环境质量的价值；其他事物中所包含的有关信息，如其他条件相同的情况下因接近公园而房价相对高一点，那么房价里就包含了环境质量的价值；直接调查个人的支付意愿或接受赔偿意愿。相对于这三个信息途径，可以把环境损害与效益的价值评估方法划分为三种类型：直接市场评价法、揭示偏好法、陈述偏好法。这三大类方法中又有着若干具体的方法。

第二节 直接市场评价法

直接市场评价法，也称为常规市场法、物理影响市场评价法。它是根据生产率的变动评估环境质量变化带来的影响。是直接运用市场价格，对可观察和度量的环境质量变动进行测算的一种方法。

 一、理论基础

评价环境变化的经济学意义，最直观的方法就是观察环境的物理变化，估计这种变化对商品和服务造成的经济影响。直接市场评价法把环境质量看作是一个生产要素。环境质量的变化会导致生产率和生产成本的变化，进而引起产品价格和产出水平的变化；而价格和产出的变化是可观察的并且是可测量的。直接市场评价法利用市场价格（如果市场价格不能准确反映产品或服务的稀缺特征，则要通过影子价格进行调整），评估环境损害的成本或环境改善的效益。具体方法有剂量—反应法、生产效率变动法、疾病成本法、机会成本法等。

 二、剂量—反应方法

剂量—反应法评估环境变化给受体造成的物理效果，如空气污染造成的材料腐蚀、酸雨带来的农作物产量变化、水和空气污染对人体健康的影响等。剂量—反应法通过建立环境损害（反应）和造成损害的原因（污染剂量）之间的关系，发现在一定污染水平下产品或服务产出的变化，利用市场价格（或影子价格）对这种产出的变化进行价值评估。剂量—反应法还可以为其他直接市场评价法提供信息和数据基础，特别是可以提供环境质量的边际变化与受影响的产品/服务产出的边际变化之间的关系。这种方法主要用于评估环境变化对市场产品/服务的影响，不适用于评估非使用价值。

环境变化引起受体物理效果的数据一般可以采用实验室或实地研究、受控试验、根据统计回归分析分离某一影响或者建立各种关系模型等获得。

 三、生产率变动法（生产效应法）

生产率变动法（又称生产效应法），环境变化可以通过生产过程影响生产者的产量、成本和利润，或是通过消费品的供给与价格变动影响消费者福利。例如水污染导致水产品产量或价格下降，给渔民带来经济损失；而兴建水库则可以带来新的捕鱼机会，对渔民产生有利影响。

采用生产效应法的技术步骤：首先，估计环境变化对受体（财产、机器设备或者人等）影响的物理后果和范围。其次，估计该影响对成本或产出的影响。最后，估计产出或者成本变化的市场价值。

如果受环境质量变动影响的商品是在完全竞争的市场上销售，就可以直接利用该商品的市场价格进行估算。但是，必须注意商品销售量变动对商品价格的影响。假如环境质量变动对受影响的商品的市场产出水平变化的影响很小，不至于引起该商品价格的变化，那么，就可以直接运用现有的市场价格进行测算；如果生产量变动的规模可能影响价格水平，就应设法预测新的价格水平。

为了确保价值评估结果的准确与合理，应该估计产出和价格变化的净效果。比如，土壤侵蚀减少了农作物的产量，却也因为收获成本的降低而弥补了部分损失。环境损害增加了某产品的成本，同时也减少了它的产量，则是一个相反的情况。面对环境变化的影响，生产者与消费者可能会采取行动保护自己，例如，消费者将不购买被污染的粮食；生产者将减少污染地区农作物的种植面积。如果在这种适应性变化出现之前做评估，将会过高估计环境影响的价值；如果在上述适应性变化之后做评估，则会对生产者剩余与消费者福利的真实影响估计不足。因此，利用生产率变动法评估时应充分得到以下信息：

（1）环境质量变化对可交易物品的物理影响；

（2）所分析物品的市场价格数据；

（3）在价格可能受到影响的地区/时间，对生产与消费的预测；

（4）如果该物品是非市场交易品，则需要与其最相近的市场交易品（替代品）的信息；

（5）由于生产者和消费者会对环境损害做出反应，因此需要识别和评价可能的或已经进行的行为调整。

 ## 四、疾病成本法和人力资本法

环境的基本功能之一是为人类生存提供条件。环境污染导致环境功能变化，会对人体健康产生影响。这些影响不仅表现为因劳动者发病率与死亡率增加而给生产造成直接损失（这种损失可以用生产效应法估算），而且还表现为因环境质量恶化而导致医疗费开支增加，以及因为得病或过早死亡而造成收入损失。疾病成本法和人力资本法就是估算环境变化造成的健康损失成本，或者说是通过人体健康评估环境价值。

在经济学中，人力资本是指体现在劳动者身上的资本，主要包括劳动者的文化知识、技术水平以及健康状况。在人力资本法中，个人被视为经济资本单位，收入被视为人力投资的一种回报（收益）。所谓人力投资是对劳动者健康、文化知识和技术水平的投资。运用人力资本这个概念，是因为只计算了人作为一个生产单位的价值（尽管人对于健康和生命的主观评价，以及他对提高健康水平的支付意愿、伤痛和痛苦所造成的精神和生理成本等也十分重要，但这些成本并未计算进去）。在分析社会和个人从教育所获收益时，也经常使用人力资本这一概念。

为了避免重复计算，环境经济学在利用人力资本法的时候，将注意力集中在环境质量变化对人体健康的影响（主要是医疗费的增加），以及因这一影响而导致的个人收入损失。前者相当于因环境质量变化而增加的病人人数与每个病人的平均医疗费用（按不同病症加权计算）的乘积；后者则相当于环境质量变动对劳动者预期寿命和工作年限的影响与劳动者预期收入（不包括来自非人力资本的收入）的现值的乘积。由于劳动者的收入损失与年龄有关，所以首先必须分年龄组计算劳动者某一年龄的收入损失，然后将各年龄的收入损失汇总，得出因环境问题而导致劳动者一生的收入损失。

应用本方法需要注意以下一些事项：

（1）一些致病环境动因难于辨认，剂量—反应关系更难于建立；致病动因在环境中的作用强度的分布与人口分布及敏感人群分布的关系十分复杂；发病率结果由多种因素导致，难于区分。

（2）对处于风险中的人群的评价受到个体差异的干扰。

（3）这两种方法把人看作是一个资本单元，计算由于疾病和过早死亡所带来的损失，这会引出如何评价没有生产能力或不参加生产活动的人的损失的问题，比如儿童、家庭妇女、退休和残疾人的损失。由于人力资本法用劳动者的收入来衡量其生命的价值，其中隐含的推论是，收入小于支出的人的死亡对社会有利，因而会引起伦理学上的争论。

（4）价格扭曲是一个普遍存在的问题，特别是医生工资、药品价格等。

 ## 五、机会成本法

用于生产满足人们各种各样需求的资源是有限的，因此，每一个时期人们都必须做出选择，决定将稀缺的资源配置于哪一类产品与劳务的生产，满足人们哪一方面的需求。资源的稀缺性以及由此而限定的人类选择引出了经济学中的一个重要概念：机会成本。某种资源一旦用于某种商品的生产就不能同时用于另一种商品的生产，选择了一种机会就意味着放弃了另一种机会。使用一种资源的机会成本是指把该资源投入某一特定用途后所放弃的在其他用途中所能够获得的最大利益。在评估无价格的自然资源时，机会成本法的概念基础是：保护无价格的自然资源的机会成本（比如保护自然保护区），可以用该资源用于其他用途（比如农业开发、林业）可能获得的收益来表示。

机会成本法特别适用于对自然保护区或具有唯一性特征的自然资源的开发项目的评估。对于某些具有唯一性特征或不可逆特征的自然资源，某些开发方案与自然系统的延续性是有矛盾的，其后果是不可逆的。开发工程可能使一个地区发生巨大变化，以至于破坏了原有的自然系统，并且使这个自然系统不能重新建立和恢复。在这种情况下，开发工程的机会成本是在未来一段时期内保护自然系统得到的净效益的现值。由于自然资源的无市场价格特征，这些效益很难计量。但反过来，保护自然系统的机会成本可以看作是失去的开发效益的现值。

 ## 六、直接市场评价法的局限性

尽管直接市场评价法具有许多优点，但也应该注意到它的局限性。

（1）一般来说，很难估计造成环境影响的活动与产出、成本或损害之间的物理关系。原因和后果之间的联系并不是那么简单。确定环境质量变化与受体变化之间的关系常常需要依靠假设，或者从其他地区所建立的剂量—反应关系中获取信息，因此，可能会因为数据来源导致误差。（2）在确定对受体的影响时，通常很难把环境因素从其他影响因素中分离出来。观察到的环境质量变化以及最终对产品或服务的影响可能有一个或多个原因，而要把某一个原因造成的后果同其他原因造成的后果区分开是非常困难的。例如，空气污染通常是由许多污染源造成的；土壤侵蚀和酸雨对农作物的损害也很难完全区分开。（3）当环境变化对市场产生明显影响时，就需要对市场结构、弹性、供给与需求反应进行比较深入的观察。需要对生产者和消费者行为进行分析。同时也要联系生产者与消费者的适应性反应。（4）当确定一项活动对产出的影响时，需要对如果没有某个环境变化会发生的结果进行一些假设，即建立一个假如存在或假设没有的后果序列。如果这种假设离现实情况太远，就可能对某个原因造成的损害估计得过大或者过小。当某个地方在此之前已经发生过所研究的某种环境变化，问题就会变得更加复杂。（5）即便是有效率的完全竞争市场，如果存在显著的消费者剩余时，仍然可能导致过低估计环境的经济价值；而通常的市场价格中并没有包含外部性，不论是正的外部性，还是负的外部性。所以，必要时应对所采用的价格进行调整。

第三节　揭示偏好法

揭示偏好法又称间接市场评价法或替代市场法。它通过考察人们与市场相关的行为，特别是在与环境联系紧密的市场中所支付的价格或他们获得的利益，间接推断出人们对环境的偏好，以此来估算环境质量变化的经济价值。

一、理论基础

在市场上存在着一些商品，它们可以作为环境所提供的服务的替代品。比如，游泳池可以看作是在洁净的湖泊或河里游泳等休闲功能的替代物；私人公园可以看作是自然保护区或国家公园的替代物。如果这种替代作用可以成立，则增加环境物品/服务的供应所带来的效益，就可以从替代它们的私人商品购买量的减少测算出来，反之亦然。其原因在于，由于两者是可以相互替代的，对于用户而言，消费两者给用户带来的福利水平也是一样的。

环境的某些服务功能是能够被有些私人物品完全替代的，有些只能是部分替代，而有些则是无法替代的。比如对于原始森林而言，其作为木材的使用价值部分，可以被人工林来替代。但是原始森林本身特有的生态功能则无法被替代。

因此，间接运用市场价格评估环境价值，可以通过人们用价格间接评价环境的质量与某些功能，把这种间接评价货币化，取得相应的环境价值。具体的方法有内涵资产定价法、防护支出法与重置成本法、旅行费用法等。

二、内涵资产定价法

内涵资产定价法，又称内涵价格法，它是基于这样的一种理论，即人们赋予环境的价值可以从他们购买的具有环境属性的商品的价格中推断出来。资产具有多种特性，资产（如土地、房屋等）的价格体现着人们对它的各种特性的综合评价，其中包括当地的环境质量。根据这些特性所蕴含的价格信息，去获得某一个特性所隐含的供给和需求曲线。

通常选用房地产市场对内涵资产定价法进行分析。它通过揭示不同的房地产价格与不同的房地产的环境属性的关系来进行分析。通常采用多重回归方法来研究房地产价格与可能影响房价的许多变量的关系。房地产的价格既反映了房地产本身的特性（如面积、房间数量、房间布局、朝向、建筑结构、附属设施、楼层等），也反映了房地产所在地区的生活条件（如交通、商业网点、当地学校质量、犯罪率高低等），还反映了房地产周围的环境质量（如空气质量、噪声高低、绿化条件等）。在其他条件一致的条件下，环境质量的差异将影响到消费者的支付意愿，进而影响到这些房地产的价格，所以，当其他条件相同时，可以用因周围环境质量的不同而导致的同类房地产的价格差异，来衡量环境质量变动的货币价值。

三、防护支出法与重置成本法

防护支出法，有时也称防务支出法，它根据人们为防止环境退化所准备支出的费用多少推断出对环境价值的估价，属于一种揭示偏好法。而重置成本法则是估算环境被破坏后将其恢复原状所要支出的费用，属于直接市场评价法。由于二者之间的特定联系（如安装双层玻璃预防飞机噪声既可视为预防噪声，又可视为恢复宁静所做的努力），在这里将二者结合起来介绍。面对环境变化，人们会努力从各种途径保护自己不受环境质量变化的影响，比如购买一些防护用品或服务等。这些商品既可以是环境质量的替代品，也可以是防止环境退化的措施。反之，当环境质量提高时，人们对替代品的花费就会降低。

面对环境变化，人们可能采取的防护行为主要包括：

（1）采取防护措施，尽力避免居住地环境质量的下降以保护自己不受影响，如采取防止土壤侵蚀的措施、安装水净化设施等，这些因为采取保护措施而发生的费用，即为防护费用。

（2）购买环境服务功能的替代品来避免可能的损害。比如，为了避免饮用受污染的公共供水系统，人们可能会购买瓶装水（比如矿泉水和纯净水等）。购买这些代用品的费用可被视为一种防护支出。

（3）对环境变化反应较强烈的人会迁出受污染区域，这种迁移所发生的费用可被视为一种重置成本。

（4）重置受损环境服务补偿某项活动带来的环境损害。比如修路时被砍伐的树木可以通过种植新的树而被重置。

应用防护支出法与重置成本法，可通过以下途径获得信息与数据：

（1）直接观察为免遭环境损害影响的实际支出，例如为防止土壤侵蚀修梯田，为减少噪声装双层窗。

（2）当影响范围较小时，对所有受到危害的人进行广泛调查。如受到土壤侵蚀或者下游泥沙沉积影响的农民、办公室建筑采取噪声隔离措施。

（3）对感兴趣的人群抽样调查。主要用于空气和水环境质量下降，或者对噪声采取预防措施的家庭，以及用化肥代替土壤养分流失或者采取了防止土壤流失的措施的农民。

（4）对预防和保护措施的费用、对损害进行恢复或者采用替代环境资产所需的费用、购买环境替代品所需的成本，都可以采用征询专家意见的方法。

防护行为法相对简单，从各种经验素材中获得数据资料，包括抽样调查和专家意见。另外，防护行为有时难以说明和解释。特别是防护行为法假定人们了解他们遇到的环境风险，并能够相应做出反应，他们的回答不受经济水平和市场程度的限制。当人们直接受到环境威胁，并且人们的保护措施有效时，使用防护支出法评估环境资产的使用价值最为可靠。然而这个方法不能评估存在价值，或者公共物品的价值。

 ## 四、旅行费用法

旅行费用法常常被用来评价没有市场价格的自然景观或者环境资源的价值。它要评估的是旅游者通过消费这些环境商品/服务所获得的效益，或者说旅游者的支付意愿（旅游者对环境商品/服务的价值认同）。旅行费用法隐含的原则是，尽管自然景观可能不收取门票费，但是旅游者为了游览（或者说使用或消费这类环境商品/服务），却需要付出费用，包括要花费的时间。旅游者为此而付出的代价可以看作是对这些环境商品/服务的实际支付。支付意愿等于消费者的实际支付与其消费某一商品或服务所获得的消费者剩余之和。假设可以获得旅游者的实际花费数目，要确定旅游者的支付意愿大小的关键就是要估算出旅游者的消费者剩余。

旅游者对这些环境商品/服务的需求不是无限的，要受到从出发地到该景点旅行费用的制约。旅行费用法假设所有旅游者消费该环境商品/服务所获得的总效益是相等的，它等于边际旅游者（距离评价地点最远的旅游者）的旅行费用。距离评价地点远的用户，其消费者剩余小；距离评价地点近的用户，其消费者剩余大。需要注意的是：旅行费用法针对的是具体的场所的环境价值而不是娱乐本身的收益。

旅行费用法是一个比较成熟的方法，主要用于估计对自然景观的需求以及保护、改善所产生的效益。在发达国家，特别是美国，开展了大量的旅行费用法研究。这个方法要求从询问调查中收集大量的数据，并且需要精心选择估算程序。对于交通费用很低的城市景点，以及旅行本身就是种效益时，很难采用这种方法。当评价热带雨林和野生生物保护区的价值时，由于旅行费用法忽略了这些"景观"的当地效益以及非当地价值和非使用价值，会导致低估环境价值。

第四节　陈述偏好法

典型的陈述偏好法是意愿调查评估法（简称 CV 法，有时也称假想评价法）。意愿调查评估法通过调查，推导出人们对环境资源的假想变化的评价。

一、理论基础

当缺乏真实的市场数据，甚至也无法通过间接地观察市场行为来赋予环境资源以价值时，只好依靠建立一个假想的市场来解决数据问题。意愿调查评估法通过直接向有关人群样本提问，来发现人们是如何给一定的环境变化定价的。

在意愿调查评估法中有两个广泛应用的概念，即对环境改善效益的支付意愿和对环境质量损失的接受赔偿意愿。意愿调查评估法通常将一些家庭或个人作为样本，询问他们对于一项环境改善措施或一项防止环境恶化措施的支付愿望，或者要求住户/个人给出为忍受环境恶化而接受赔偿的愿望。与直接市场评价法和揭示偏好法不同，意愿调查法不是基于可观察到的或间接的市场行为，而是基于调查对象的回答。他们的回答告诉在假设的情况下，他们将采取什么行为。调查过程一般通过问卷或面对面询问的方式进行。直接询问调查对象的支付意愿/接受赔偿意愿是意愿调查法的特点和优点，也是该方法的缺点所在。为了得到准确的答案，意愿调查应建立在两个条件之上：即环境收益具有"可支付性"的特征和"投标竞争"特征。

意愿调查评估法已经演化出若干种技术，如投标博弈法、比较博弈法、无费用选择法等。

二、投标博弈法

投标博弈法要求调查对象根据假设的情况，说出对不同供应水平环境物品/服务的支付意愿或接受赔偿意愿。投标博弈法被应用于公共物品的价值评估。有两种主要的投标博弈方法：单次投标博弈和收敛投标博弈。

在单次投标博弈中，调查者首先要向被调查者解释要估价的环境物品/服务的特征及其变动的影响，例如砍伐热带森林可能产生的影响，以及保护这些环境物品/服务（或者说解决环境问题）的具体办法；然后询问被调查者，为了改善保护该热带森林他最多愿意支付多少钱（即最大支付意愿），或者反过来询问被调查者，他最少需要多少钱才愿意接受该森林被砍伐的事实（即最小接受赔偿意愿）。

在收敛投标博弈中，被调查者不必自行说出一个确定的支付意愿或接受赔偿意愿的数额，而是被问及是否愿意对某一物品/服务支付一定的金额，根据被调查的回答不断改变这一数额，直到得到最大的支付意愿或最小接受赔偿意愿。

通过上述调查得来的信息被用于建立总的支付意愿函数或接受赔偿意愿函数。

三、比较博弈法

比较博弈法又称权衡博弈法，它要求被调查者在不同的物品与相应数量的货币之间进行选择。在环境资源的价值评估中，通常给出一定数额的货币和一定水平的环境商品/服务的不同组合。该组合中的货币值，实际上代表了一定量的环境物品/服务的价格。给被调查者一组环境物品/服务以及相应价格的初始值，然后询问被调查者愿意选择哪一项。被调查者要对二者进行取舍。根据被调查者的反应，不断提高（或降低）价格水平，直至被调查者认为选择二者中的任意一个都可以为止。被调查者这时候所选择的价格就表示他对给定量的环境物品/服务的支付意愿。此后，再给出另一组组合，比如环境质量提高了，价格也提高了，然后重复上述的步骤。经过几轮询问，根据被调查者对不同环境质量水平的选择情况，进行分析，就可以估算出对边际环境质量变化的支付意愿。

四、无费用选择法

无费用选择法通过询问个人在不同的物品或服务之间的选择来估算环境物品或服务的价值。该法模拟市场上购买商品或服务的选择方式。给被调查者两个或多个方案，每一个方案都不用被调查者付钱，从这个意义上说，对被调查者而言，是无费用的。在含有两个方案的调查中，需要被调查者在接受一笔赠款（或被调查者熟悉的商品）和一定数量的环境物品或服务之间作出选择。如果某个人选择了环境物品，那么该环境物品的价值至少等于被放弃的那笔赠款（或商品）的数值，可以把放弃的赠款（或商品）作为该环境物品的最低估价。如果改变上述的赠款数（或商品），而环境质量不变，这个方法就变成一种投标博弈法了。但是，其主要区别在于被调查者不必支付任何东西。如果被调查者选择了接受赠款（或商品），则表明被评价的环境物品/服务的价值低于设定的接受赠款额。

五、需要注意的问题

在设计意愿调查时，需要特别注意三个统计方面的问题：

（1）样本数目。一般要求样本数要足够多，以便能反映出被调查区域的人群的情况。实际数目是由所预期的反应多样性程度、希望的准确性等级及估计不回答的比率来决定的。通常情况下，要在进行正式调查之前进行预调查，以便最终确定样本数量和调查问题或问卷的设计。

（2）对偏差较大的回答（或答卷）的处理。通常情况下要把那些特别极端的回答从有效问卷中剔除，因为这些出价可能是不真实的或是对问题的错误回答。这可以用诸如 5% ~ 10% 的中心剔除点等方法来摘除那些极端的回答，或者用回归技术评估出一个出价曲线。

（3）与汇总有关的问题。我们可以把估计出的平均支付意愿（或接受赔偿意愿）乘以相关的人数，即可简单得出总支付意愿（或接受赔偿意愿）。然而，如果作为样本的人群不能代表总人群的情况，那么就要建立起对支付意愿（或接受赔偿意愿）的出价与一系列独立变量，诸如收入、教育程度等之间的关系式，用以估算总人口的支付意愿值。

意愿调查评估法可以解决其他许多方法无法解决的问题，这是它在空气和水环境质量问题、舒适性问题、资源保护问题以及环境存在价值等方面被广泛应用的原因。

第Ⅳ部分　环境经济政策与实践

第十一章　环境经济政策概述

通过前几章的学习，我们已经知道，自发市场体系在处理环境污染时，往往会失灵，无法产生社会有效率的结果。正因为如此，我们需要有干预市场的环境政策。

从这一章开始，我们一起研究环境政策问题。环境政策问题包含的很多内容都是环环相扣的。对于环境政策，首先要做的一件事是确定我们应该设法达到的最佳环境质量标准。接下来是决定如何划分环境质量的达标任务，如果有多个污染者，应该如何分配要削减的排放量。甚至还需要判断环境保护项目的成本和收益在全社会范围内的分配是否合理，应该如何分配。本章先从理论层面讨论这些问题，继而介绍具体政策工具选择。

第一节　最优环境质量

有效的环境政策是以完备的信息为依托的。要想揭示经济系统和环境系统的实际运行方式，需要掌握大量信息，包括企业和消费者在市场上的决策方式、污染物向大自然的排放过程，以及这些污染物在环境中对人类和其他生物造成危害的机理。这些被统称为环境政策的科学基础。

对于环境政策制定而言，我们首先要做的是确定我们应该设法达到的最佳环境质量标准，究竟应该排放多少污染物到环境中在经济核算上是最优的。我们可以考虑两个极端情况。极端情况一，考虑经济发展，忽略环境质量，致使环境大范围污染，正像我们身边很多地区发生的那样，很显然这个结果是我们不希望看到的，所以肯定不是一个最优的选择。极端情况二，不惜一切代价保护环境。就像许多环保主义者认为的那样，应该不惜一切代价保护环境，为了清洁的空气、良好的环境，关掉所有的工厂。但是放弃所有会招致环境被破坏的消费方式，意味着我们不能再用电，不能再用纸，这样会大大降低人们生活的幸福感，也是不现实的。那么对于最佳环境质量，其实就是要找到一个污染与治理的平衡点，一切污染控制活动都涉及这样的取舍关系：一方面，削减污染排放会减轻人们因环境污染遭受的损害；另一方面，污染排放会消耗本可以用于其他用途的资源。

举个例子来说，一家造纸厂向一条河流排放生产废物，这条河流流经造纸厂后，会经过一个很大的城市，市民们不仅在河上荡舟、垂钓，还把河水作为饮用水源。环境政策需要做出何种取舍呢？一方面，工业污染破坏河水为下游居民提供的服务，下游遭受损害；另一方面，造纸厂可以在排放废水前，通过对废弃物进行处理和回收减少废水排放量，但这需要成本，会占用一定的资源，会有治理成本。

首先，我们来看其中的一个方面，怎样确定下游所受到的损害。我们所说的损害，是环境恶化给人们带来的所有负面影响的总和，这些负面影响有多种类型，环境资产不同，环境恶化所产生的负面影响的形式也不同。以河流污染为例，戏水者遭受的损害是不能在河中游玩，或有更大的概率感染传染病，而整个城市居民遭受的损害是在饮用河水前不得不花更多的钱进行水的净化处理。空气污染的损害主要是对人体健康的影响。除了给人类带来损害之外，环境恶化也在许多方面严重影响了其他的生态系统，致使部分动物和植物灭绝，物种基因信息消失。这类环境损害最终也会影响人类的生存与发展。评估环境损害是环境科学家和环境经济学家的重要工作任务之一。环境经济学上常用损害函数来表达一种污染物的数量与其导致的损害之间的关系。一般来说，污染越严重，所产生的损害也越大。损害函数：横轴表示一定时间的污染排放量，单位为磅、吨，视具体污染物而定。纵轴表示环境损害，物理意义上的环境损害包括很多类型，被污染的海岸线长度、感染肺病的人数、灭绝的动物数目等，为了统一，我们常用货币衡量环境遭受的损害。

另一方面，削弱污染排放量或降低环境中的污染浓度所发生的成本我们称之为治理成本。考虑一家位于河流上游的造纸厂，在正常生产过程中，造纸厂会产生大量有机废物，如果使用河流是免费的，那么对造纸厂来说，最廉价的垃圾处理方法就是把废弃物直接排放到河流。但是除了将废物直接排放到河里之外，企业一般还能利用技术或管理上的手段减少排放物，这些活动的花费叫作"治理成本"，即通过投入资源从事污染治理活动。

综合考虑经济发展与环境保护的要求，污染排放量过高、过低都不是最佳选择，那么怎么来确定最优环境质量呢？我们可以引入"有效污染排放水平"的概念来解释该问题。

第二节　有效污染排放水平

有效污染排放水平是指对社会经济效益最大的污染排放水平。通过图 11 - 1 来说明有效污染排放水平。

根据第一节的案例我们可以得出以下逻辑。经济生产产生的污染物，排入环境会造成环境污染，环境污染会造成社会损害，即产生社会损害成本（外部成本）；对污染物进行处理需要支付处理成本。社会损害成本与污染治理成本之和就是污染的社会总成本。从社会角度看，我们应该使污染的社会总成本最小化，污染的社会总成本最小的污染排放水平就是社会所需要的最优污染水平。

图 11－1 中横坐标表示污染物排放量，纵坐标表示成本（费用）。边际治理成本曲线 MAC 向右下方倾斜，表明治理成本随着排放水平的提高而减少；边际损害成本曲线 MEC 向右上方倾斜，表明损害成本随着排放水平的提高而增加。

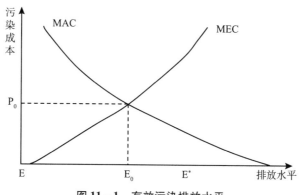

图 11－1　有效污染排放水平

在环境管制不严的情况下，企业出于利润最大化的考虑，会提高排放水平，降低边际治理成本，图 11－1 的 E^* 点，此时会出现比较高的损害成本和社会总成本。如果对企业实行严格的环境管制，排放水平虽然降低，但治理成本会过高，如 E 点，也造成较高的社会总成本。因此，无论使环境管制不严还是过于严格，都会导致低效率的资源配置。理想的排放水平在 E_0 点，此点被称为有效的污染排放水平。此时边际治理成本等于边际损害成本，社会总成本最小，资源实现有效率的配置。

在环境管理实践中，由于政治、社会、经济、技术等多方面的原因，经常无法获得有关边际治理成本和边际损害成本的准确信息。因此代表有效的污染排放水平的 E_0 点只可能近似地获得。但是这并不妨碍环境管理部门和厂商去努力争取实现这一目标。实现这一目标的手段基本上有两大类：一是强制执行各类环境法规；二是以市场为基础的经济手段。

第三节　环境经济政策类型

 一、环境经济政策的一般形式

为了解决环境问题的"市场失灵"和"政策失效"引起的低效率和不公平，在环境管理中往往应用两种手段，即一种是命令控制型手段，另一种是经济激励型手段。

强制执行的各类环境法规即为命令控制型环境政策，包括各种环境标准、必须执行的命令和不可交易的配额。这些政策为了达到政策的最佳效果，政府必须掌握有效率的污染水平，因而必须知晓边际治理成本和边际损害函数的信息，然后采取措施，使当前污染向两者相等的点变动。可以预见，执行这类政策需要庞大的支付对高额的执行成本，往往让财政和环境管理部门无法接受。因此为了降低执行成本，同时获得理想的环境效果环境经济学家提出了一系列基于市场的环境经济政策手段。

根据如何发挥市场在解决环境问题上的作用，环境经济政策分为"调节市场"和"建立市场"两类。"调节市场"是利用现有的市场来实施环境管理，例如，征收各种环境税费，取消对环境有害的补贴，建立抵押金制度等。"建立市场"包括明晰产权、可交易的许可证、国际补偿体制等。

调节市场型的环境经济政策主要是通过"看得见的手"（即政府干预）来解决环境问题，其核心思想是由政府给外部不经济性确定一个合理的负价格、由外部不经济性的制造者承担全部外部费用。最先提出这一思想的人是英国经济学家庇古。因此这类环境经济政策又称为庇古手段。

建立市场型的环境经济政策主要是通过"看不见的手"（即市场机制本身）来解决环境问题。其基本思想是1960年科斯在"社会成本问题"一文中提出的"科斯定理"，因此这类环境经济政策又称为科斯手段。

二、庇古手段与科斯手段

1. 庇古手段

庇古手段，即根据污染所造成的危害程度对排污者征税，用税收来弥补排污者生产的私人成本和社会成本之间的差距，使两者相等。

英国经济学家庇古（Pigou，Arthur Cecil，1877～1959）最先提出以修正税的形式实施环境管理，因此这种税被称为"庇古税"。按照庇古的观点，导致市场配置资源失效的原因是经济当事人的私人成本与社会成本不相一致，从而私人的最优导致社会的非最优。因此，纠正外部性的方案是政府通过征税或者补贴来矫正经济当事人的私人成本。只要政府采取措施使得私人成本和私人利益与相应的社会成本和社会利益相等，则资源配置就可以达到帕累托最优状态。政府应对边际私人成本小于边际社会成本的厂商实施征税，即存在外部不经济性效应时，向企业征税；对边际私人收益小于边际社会收益的厂商实行奖励和津贴，即存在外部经济效应时，给企业补贴。庇古认为，通过这种征税和补贴，就可以实现外部效应的内部化。

在前面的章节里我们已经论述过环境污染具有负外部性。它表现为私人成本与社会成本、私人收益与社会收益的不一致。在没有外部性时，私人成本就是生产或消费一件物品所引起的全部成本。当存在负外部性时，由于某一厂商的环境污染，导致另一厂商为了维持原有产量，必须增加一定的成本支出（如安装治污设施），这就是外部边际成本。私人边际成本与外部边际成本之和就是社会边际成本。假如厂商的私人边际收益为

PMR，私人边际成本为 PMC，社会边际成本为 SMC，由于厂商污染所引起的外部边际成本为 XC，那么，SMC = PMC + XC，见图 11 - 2。在没有环境污染时，追求利润最大化的厂商的产量决策按照 PMC = PMR 的原则确定，其生产量为边际私人成本与边际私人收益曲线相交点所对应的产量 E 点；存在环境污染时，如果由于污染所导致的外部成本 XC 不是由他本人来承担，则代表性厂商仍会把产量确定在 E 点的水平。但从社会的角度而言由于厂商的污染行为导致了 XC 的外部成本，使边际成本曲线由 PMC 移向 SMC。这时，从社会的角度看，社会福利最大化的产量决定应按照 SMC = SMR 的原则来确定，可见，由于负外部性的存在，使厂商按利润最大化原则确定的产量与按社会福利最大化原则确定的产量存在严重偏离。存在负外部性时，厂商的利润最大化行为并不能自动导致资源的帕累托最适度配置。因此，就需要政府出面来纠正厂商的生产规模，降低污染产出量。

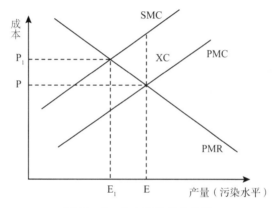

图 11 - 2 庇古税的基本模型

由于环境污染这种负外部性的存在，造成了环境资源配置上的低效率与不公平的本质，这促使人们去设计一种制度规则来校正这种外部性，使外部效应内部化。按照庇古的传统，经济学家主张使用税收的方法迫使厂商实现外部性的内部化：当一个厂商施加一种外部社会成本时，应该对它施加一项税收，该税收等于厂商生产每一连续单位的产出所造成的损害，即税收应恰好等于边际损害成本。值得说明的是，这里所讲的"税收"概念是一个学术概念，实际应用时既可以是税收，也可以是收费，如环境资源税、环境污染税、排污收费等。

政府对环境的管制措施可以有多种形式，例如政府可以规定企业排放污染的最高水平，可以要求企业采用某项减少污染的技术，也可以禁止某些污染。为了设计科学合理的管制规则，政府管制者需要了解各个行业的污染状况以及每个行业可以采用的各项技术的细节，但是，政府管制者要得到这些信息往往是非常困难的。与政府采取的管制政策相比，经济学家往往更偏爱政府采用以市场为基础的、使外部性内在化的、使私人自己主动做出符合社会效率行为的激励政策。正如我们前面说明的，政府可以通过对那些有负外部性的活动征税和补贴那些有正外部性的活动来使外部性内在化，因为这样可以使我们以较低的社会成本来解决外部性问题。为了说明其原因，让我们考虑一个例子：

假设某市有造纸厂和化肥厂两家排放污染的企业，每家工厂每年向河中排放 500 吨的废水。现在政府有两种办法来减少污染量。（1）管制：政府可以告诉每家工厂把每年的排污量减少为 300 吨。（2）征税：政府可以对每家工厂每排出一吨废水征收 3 万元的税收。管制规定了污染水平，而税收给予每家工厂一种减少污染的经济激励。你认为哪一种解决方法更好呢？

大多数经济学家更偏爱税收，这是因为：第一，在减少污染总水平方面税收和管制同样有效。政府可以通过把税收确定在适当的水平上，从而达到它想达到的任何污染水平。税收越高，减少的污染也越多，如果税收足够高，工厂将停止营业，污染减少为零。第二，税收在减少污染方面比管制更有效率。管制要求每个工厂减少等量污染，但等量减少并不一定是清洁水质的最省钱的方法。因为造纸厂减少污染的成本可能比化肥厂低，如果是这样的话，造纸厂对税收的反应是大幅度的减少污染，以便少交税，而化肥厂的反应是减少的污染少，交的税多。税收规定了污染权的价格，正如市场把物品分配给那些对物品评价最高的买者一样，税收把污染权分配给那些减少污染成本最高的工厂。无论政府选择的污染水平是多少，它都可以用税收以最低的总成本达到这个目标。第三，税收对保护环境更有利。在政府采用管制政策时，一旦工厂达到了 300 吨废水的排放目标就没有激励再减少污染。与此相比，税收激励企业开发更先进的技术，因为更先进的技术可以减少企业税收量。第四，污染税与其他大多数税不同，正如我们前面所讨论的，大多数税扭曲了激励，并使资源配置背离社会最优，引起了无谓损失。与此相比，当存在负外部性问题时，污染税是纠正负外部性的正确激励，从而使资源配置接近于社会最优，因此，污染税不仅增加了政府的收入，也提高了社会总福利。

"庇古手段"认为通过征收税费的办法就可以把环境代价转化为企业的内部成本，迫使企业治理污染。其中有税收制度，包括污染税、产品税、进出口税、税率差、资源税、免税；收费制度，包括排污费、使用者费、资源环境补偿费。还因此衍生出其他一些手段，如罚款手段，包括违法罚款、违约罚款；如金融手段，包括差别利率、软贷款、环境基金；如财政手段，包括财政拨款、转移支付；如资金赔偿手段，包括法律责任赔偿、资源环境损害责任赔偿、环境责任保险；如证券与押金制度，包括环境行为证券、押金、股票。

2. 科斯手段

基于新制度经济学观点运用产权理论，利用市场机制解决环境资源生产与消费中的外部性问题。制度经济学认为，环境问题说到底还是市场产权界定不清，因此要明晰产权，包括所有权、使用权和开发权；并致力于建立环境产权市场，例如可交易的许可证制度与排放配额等。

在 20 世纪 60 年代以前经济学理论界基本上沿袭庇古的传统，借助政府干预，实行税收—津贴方法以消除外部性。这一传统被美国著名经济学家科斯于 1960 年发表的一篇重要论文打破，该论文也是关于外部性理论。科斯强调，应当从庇古的研究传统中脱离出来寻求方法的转变，即应当考虑总的效果。也就是从社会产值最大化为出发点来观察和研究问题。科斯从产权安排和产权效率这个全新的角度提出了如何将外部性问题内部化。科斯的产权思想主要体现在其三条定理中。科斯定理是由三定理组成的定理组。为了更好地理解科斯定理，我们先来看一个简单的例子。

假定一个工厂周围有 5 户居民，工厂烟囱排放的烟尘因为使居民晒在户外的衣服受到污染而使每户损失 75 美元。解决问题的办法有三：其一，在工厂的烟囱上装防尘罩，费用 150 美元；其二，每户买一台除尘机，价格 50 美元；其三，每户居民得到 75 美元的损失补偿，补偿方是工厂或居民自身。

首先，假设市场的任何交易都不存在代价和阻力，如果法律规定工厂享有排污权，且所有交易费用为零时，居民如何选择最优？如果法律规定居民享有清洁权，工厂会作何选择？由此我们可以看出，无论最初的权利怎样分配，只要把产权界定清晰，私人经济主体可以自己解决他们之间的外部性问题，并且能够使社会资源配置达到有效率的结果。把权利分配给谁，只是决定了把社会经济福利分配给谁，与社会资源配置的结果是否有效率是毫不相关的。这就是科斯第一定理：如果市场交易费用为零，不管权利初始安排如何，当时人们之间的谈判都会导致哪些财富最大化的安排，及市场机制会自动地驱使人们谈判，使资源配置实现最优。

假定 5 户居民要达到集体购买防尘罩需要 125 美元的交易成本，产权的不同规定，各会产生什么样的结果？如果规定居民享有清洁权，会产生什么样的结果？——工厂花费 150 美元安装防尘罩。若规定工厂享有排污权，会产生什么样的结果？——居民每户花费 50 美元购买除尘机。此时从全社会的角度而言，产权的规定会有不同的社会成本。资源配置的效率也不同。这就是科斯第二定理：在交易费用大于零的世界里，不同的权利规定，会带来不同效率的资源配置，也就是说，对于交易是有成本的，在不同的产权制度下，交易成本不同，从而对资源配置的效率有不同影响。所以为了优化资源配置，法律制度对产权的初始安排的选择是很重要的。

科斯第三定理：由于制度本身的生产也是有代价的，产权制度的供给是人们进行交易，优化资源配置的前提，但是产权制度的生产本身也是有成本的。因此，要从产权制度的成本收益比较的角度，选择合适的产权制度。

可交易的污染许可证也是政府可以采用的一种以市场为基础的、使外部性内在化的治理污染的方法。现在我们仍然以上面的造纸厂和化肥厂为例来讨论可交易的污染许可证。假设政府规定每个工厂每年的排污量为 300 吨，如果化肥厂把排污量从 300 吨增加到 400 吨可以减少治污成本 400 万元，而造纸厂把排污量从 300 吨减少到 200 吨所增加的治污成本为 200 万元。于是两个企业向政府提出一个建议，化肥厂以 300 万元的价格从造纸厂购买 100 吨的排污量。政府应该允许两个工厂进行这种交易吗？从经济效率的角度看，政府允许这种交易是一项好政策。因为这个交易必然使这两家企业的状况都变好，化肥厂可以因此减少 100 万元的成本，造纸厂可以因此增加 100 万元的利润，而且这笔交易没有任何外部影响，因为污染总量 600 吨是不变的。因此，政府通过允许造纸厂把自己的排污权卖给化肥厂可以提高社会的整体福利。

同样的逻辑也适用于任何一种排污权的交易，政府允许进行这些排污权的交易，就像允许其他的商品交易一样可以增加社会的整体福利。允许污染许可证交易的市场机制将会有效地配置排污权，因为只有以高成本才能减少污染的企业才愿意为污染许可证出最高的价格，而那些以低成本可以减少污染的企业会愿意出卖它们所拥有的许可证。

虽然用污染许可证减少污染看起来可能与用税收减少污染完全不同，但实际上这两种政策有许多共同之处。在这两种情况下，企业都要为污染付出代价。在征税时，排污企业必须向政府交税，在允许污染许可证交易时，排污企业必须为购买许可证进行支付。税收和可交易的污染许可证都是通过使企业为排污付出代价而把污染的外部性内在化。甚至在某些情况下，出售污染许可证可能比税收更好。假设政府想使排入河流中的废物不超过 600 吨，但是政府可能无法确定需要征收多少税收才能达到这个目标。在这种情况下，它可以简单地拍卖 600 吨污染许可证，拍卖价格就是适当的税收规模。

很多环保主义者可能会反对政府拍卖污染权的做法，可是事实证明，允许污染许可证的交易是一种低成本高效率的保护环境的方法。美国经济学家蒂藤伯格的研究表明：污染许可证市场在美国的运行产生了令人惊奇的结果，传统管制方法的治污成本要比允许污染许可证交易的方法高 2～10 倍。在美国政府实施可交易的污染许可证制度的最初几年，排放每吨二氧化硫的许可证价格在 300 美元左右，到了 1997 年，市场价格下降到每吨仅 60～80 美元。成功的原因之一是可交易的污染许可证制度给了企业足够的减少污染的创新激励。这个结果给了那些主张环境保护政策应以市场手段为基础的经济学家们以强有力的支持。排污权（许可证）可以自由交易。火电厂得到排污许可证，可以拿它像猪和煤一样买卖。那些能以较低成本降低硫化物排放的企业，可以卖出它的许可证；另一些需要为新工厂争取更多额度排放权的，或没有减排余地的企业会发现，与倒闭相比，购买许可证或许更经济一些。排污许可证的市场化运作，有助于实现减排目标，而且其成本要比传统的行政命令管制要低。

 ### 三、庇古与科斯手段的区别

庇古手段与科斯手段这两类环境经济政策的共同之处在于都是为了使外部费用内部化；都允许经济人为了实现环境目标，通过费用效益的比较，选择一种最优方案。但两类政策手段的实施途径和效果是不同的，主要表现为：

（1）庇古手段多依赖于政府。庇古手段依赖于政府对环境问题及其重要性的认识以及掌握的信息。而科斯手段更多地依赖于市场机制。如果不存在"政策失效"，两种手段都可行。但如果出现政府"寻租"的情况，科斯手段比庇古手段更有效。

（2）庇古手段需要政府实施收费或补贴，管理成本较大。而科斯手段需要政府界定产权。在产权制度不健全以及污染者数量比较多的情况下，环境资源的产权界定比较困难，企业间交易成本比较大，这时的科斯手段的效率较低。

（3）实施庇古手段，除了使社会得到环境效益外，还可以使政府获得经济收益，科斯手段只获得环境效益。

（4）庇古手段一般提供不了刺激，因为税率或费率一般是固定的，而且经常低于治理污染的边际成本。它对所有厂商的标准一样，这又造成厂商之间的不公平。而科斯手段一般能刺激厂商采取措施改进生产设备，减少污染。

（5）如果被税收保护的人企图通过自己的行为影响税负和税收，实施庇古税可能导致另外一些外部性。例如，有些人为获得赔偿，搬到排放烟雾的工厂附近居住，或在工厂周围开设洗衣店，人为造成排放烟雾的社会成本增加，因而带来排污税（费）的增加。

庇古手段和科斯手段各有利弊。在其他条件不变，特别是环境收益相同的情况下，选择什么环境经济政策手段主要取决于边际管理成本和边际交易费用的大小。边际管理成本是指增加一个污染者所带来的政府管理总成本的增量；边际交易成本是指增加一个污染者所带来的企业与企业之间交易费用的增量。当污染者数量少时，边际管理成本较高，而边际交易成本较低；当污染者数量较多时，情况则相反。庇古手段和科斯手段的权衡选择：可以把科斯手段与庇古手段混合使用，而不是把两类手段对立起来。例如，我国就有排污收费和排污权交易配套使用的尝试，以排污权交易为主，用排污收费做保证，从而以最低成本实现污染控制目标。

第四节　国内外环境经济政策发展历程

从发达国家的实践历程可以看出，建立和实施一套全方位、多领域的宏观环境经济政策，能以较低的成本达到有效控制污染的目的。早在 20 世纪 70 年代初，发达国家就积极应用环境经济政策来实现经济与环境的均衡发展，取得了成功。1972 年经合组织（OECD）首次提出了"污染者付费原则"，在以后的 20 多年中，西方发达国家对市场机制和财税政策进行了基于环境考虑的一系列改革。

 一、美国环境政策的演变

（一）20 世纪 70 年代的"环境十年"

美国现今实施的环境经济政策，很多起源于 20 世纪 70 年代。凭着公众对环境污染问题的关心逐渐增多，美国环保局在 1970 年 12 月成立。美国国会开始通过大量重要的环境立法与计划。美国《清洁空气法 1970 年修正案》制定了环境空气质量一级标准。执行一级标准的一般为人口密集于工业化地区。美国《清洁空气法 1977 年修正案》要求在一些原始地区执行二级环境空气质量标准，这些原始地区都在美国西部，从而产生环境空气质量执行标准不同地区各不相同的局面。但是美国最高法院规定，各州制定和实施的空气质量标准，至少与联邦标准一样严格。同时，由于任何空气污染控制方法必须有相当大的灵活性，因为排放量与环境空气质量间得关系随天气变化，在大多时候可以接受的排放量水平在逆温期间则会造成环境质量的极度恶化，所以需要制定特别天气条件期间的特别排放控制。20 世纪 70 年代的监管机制为这种特别控制做出规定，包括允许监管机构要求主要污染装置在极端天气条件下停止运转。这和我们国内近期的环境监管对策颇有相似之处。对于美国 70 年代的空气污染控制政策进行回顾，认为其存在明显的不足，主要是这些政策既没有从总量上也没有从边际上考虑环境效益与治理成本。另外 70 年代的监管也十分低效，因为环保监管某固定污染源的排放但不去监管总排放数量。最终产生空气质量下降的情况。

（二）20 世纪 80 年代政策：向市场激励过渡

回顾"环境十年"的政策与成就后，20 世纪 80 年代美国国内的环境政策主要集中于以下三个目标：第一，考虑成本有效性，平衡环境治理成本与环境效益。第二，允许市场激励在环境政策中使用。第三，分散环境改善中政府的责任。

对于固定污染源，20 世纪 80 年代的主要创新就是排放交易的扩大，该政策实际上始于 70 年代末，存在三种排放交易：一是 1979 年 2 月开始试行的"气泡政策"（Bubble policy），即它把工厂看作一个泡泡，只要该泡泡向外界排放的污染物总量符合政府按照环境要求计算出的排污量并保持不变，不危害周围的大气质量，则允许泡泡内各种排污源自行调整。这样，工厂可以对一些容易控制、所需费用较少的污染源多控制一些，而对那些控制技术要求高、费用较大的污染源则少控制一些。这一政策在经济上有较大的刺激性，便于工厂灵活地进行污染控制。二是"排污银行政策"（banking），即将企业产生的污染削减量以信用证的形式存入排污权银行，信用证可以留作将来使用或用于交易、抵消新污染源排放量的增加，也可以转让给其他排污企业。三是"冲销政策"（offset policy），即在保证污染总量下降的前提下，才能允许建立新的排污单位，以此来保证区域环境质量不断改善，在新建、扩建企业时，必须首先削减现有污染源的污染排放量，新建、扩建企业增加的排污量应该小于现有污染源的污染削减排放量。三项政策一起，为固定污染源空气污染控制增加了相当大的灵活性。

（三）20 世纪 90 年代政策：建立市场交易的可行性

在 20 世纪 90 年代，作为一种控制固定污染源（点污染源）空气污染的方法，排放权交易更加严格地确立了。美国《清洁空气法 1990 年修正案》设立了未来十年要实现的二氧化硫减排目标，主要原因是控制酸雨问题，后来被称为"酸雨计划"。"酸雨计划"的核心部分是 SO_2 排放权的"总量管制与排放交易"制度。在这个制度下《清洁空气法 1990 年修正案》为 SO_2 排放设置了一个"总量管制"，再将 SO_2 排放权分配给发电厂。获得排放区后，发电厂被允许以"市场"价格交易排放权（或者许可证），就是说价格是由有意愿的排放权买卖双方交互作用决定的。这个制度允许高效率发电厂出售过剩排放权给低效率者。该制度也激励低效率者加强污染控制技术的投资，使自己同意能够获得并出售过剩排放权，或者至少不需要为满足标准而购买排放权。然而，在追求最小成本方法来满足污染标准时，每个发电厂都有灵活性（例如在污染控制技术方面投资或购买排放权）在实现 SO_2 排放减排目标时，排放者可以灵活追求污染控制最小成本的方法，这种灵活性被视为排放权交易制度的主要优势之一。

（四）21 世纪的政策演变

21 世纪初的大事件是全球气候变化。联合国政府间气候变化专门委员会发布了《2007 年全球气候变化评估》，为近年全球变暖趋势提供了科学的证据。21 世纪初，在美国和世界，政策辩论的主要焦点是，如何更好地减少 CO_2 和其他温室气体的排放。2006 年 8 月启动了克林顿气候倡议，其设计目的是在全球城市中降低温室气体的排放，鼓励提高能源效率。2006 年 12 月，353 位市长签署了美国市长气候保护协议，他们承诺要达到或超过美国联邦政府在《京都议定书》中设定的温室气体排放目标，到 2010 年要在 1990 年的排放水平上降低 7%。

除此之外，还积极开展环境外交，推动国际合作。美国早在 20 世纪 90 年代末期就提出了"环境外交——环境与美国对外政策"的外交报告，并宣布从 1997 年起每年都将发布美国环境外交报告，以对全球的环境保护趋势、国际政策发展及美国来年的工作重点做出评估。

二、中国环境政策的发展历程

自 1972 年斯德哥尔摩联合国人类环境会议以来，以中国的六次全国环境保护会议为标志，中国的环境政策的发展变化经历了以下几个阶段。

（一）20 世纪 70 年代：中国环境政策的萌芽阶段

1973 年 8 月，召开了第一次全国环境保护会议，会议通过了《关于保护和改善环境的若干规定》，确定了"全面规划，合理布局，综合利用，化害为利，依靠群众，大家动手，保护环境，造福人民"的环境保护工作的三十二字方针。在全国重点展开工业"三废"治理和综合利用的环境保护工作。先后实施了污染防治设施要与生产主体工程同时设计、同时施工、同时投产的"三同时制度"，以及排污收费制度和环境影响评价制度，即"老三项制度"。

我国于 1979 年颁布的《中华人民共和国环境保护法（试行）》，不仅明确了"三十二字方针"这一环境保护基本方针的法制化地位，还确定了"谁污染，谁治理"的政策，为我国当时的环境保护工作指明了发展方向。

（二）20 世纪 80 年代：中国环境政策的成熟阶段

在 20 世纪 70 年代的环境保护工作的基础上，1983 年 12 月 31 日，国务院召开第二次全国环境保护会议，将环境保护作为一项基本国策。制定经济建设、城乡建设和环境建设同步规划、同步实施、同步发展，实现经济效益、社会效益、环境效益相统一的指导方针，确定了强化环境管理作为环保工作的中心环节。实行"预防为主，防治结合""谁污染，谁治理"和"强化环境管理"三大政策，这也标志着我国的环境政策开始走向成熟。"预防为主，防治结合"的政策是指通过采取防范措施，不产生或少产生环境污染，同时对已有的污染和破坏进行治理。主要措施是把环境保护纳入国民经济和社会发展规划，实行"三同时"制度和环境影响评价制度，防止新污染源的产生。"谁污染，谁治理"是以法律形式规定污染者必须承担治理责任和费用，主要措施包括对排污单位实行排污收费制度，对严重污染企业实行限期治理以及结合技术改造防治工业污染，控制老污染源。强化环境管理的政策是指在经济投入欠缺的情况下，通过强化管理解决一些由于管理不善造成的环境问题，并促进环境投入的增加，主要措施包括依法强化监督管理，实行环境目标责任制、城市环境综合整治定量考核制、污染集中控制、排污许可证等制度。

在上述三大政策的基础上，形成了"三同时"制度、环境影响评价制度、排污收费制度、排污许可证制度、环境保护目标责任制度、城市环境综合整治定量考核制度、污染集中控制和限期治理制度等八项制度。环境保护三大政策和八项制度是中国环境政策体系的基本框架。

1989 年 5 月，国务院召开了第三次全国环境保护会议，同年颁布了我国第一部环境保护基本法《环境保护法》，标志着我国环境保护法律体系的初步形成。为我国 90 年代的环境政策的全面发展提供了基础政策保障。

（三）20 世纪 90 年代：中国环境政策的全面发展阶段

20 世纪 90 年代初，中国的环境保护开始实行从"末端治理"向"全过程控制"转变；即工业污染防治的"三个转变"，并在我国的一些企业进行了清洁生产试点。

1992 年 8 月，中共中央、国务院批准了我国环境与发展的十大对策，它是确保可持续发展在中国成为现实的环境政策。1994 年 3 月，我国率先制定了《中国 21 世纪议程——21 世纪人口、环境与发展白皮书》，这是全球第一部国家级的《21 世纪议程》，标志着我国可持续发展的开始。两年后，确定了 2000 年和 2010 年的环境保护目标，指出在这 10 年间，生态环境恶化的状况要从起初的基本控制发展到逐步改善，城乡环境要从部分改善到明显改善。

1996 年 7 月，国务院召开第四次全国环境保护会议，提出保护环境是实施可持续发展战略的关键，保护环境就是保护生产力，标志着我国大规模环境污染防治实质性实施的开始。

（四）21世纪中国环境政策的发展趋势

为了适应新的变化，中国的环境管理进行了多方面的改革，出台了众多环境政策，呈现出了以下几个趋势：

（1）从污染控制到生态保护。党的十八大报告中第一次明确提出了建设生态文明的目标，将生态文明建设纳入"五位一体"的中国特色社会主义事业总体布局更是进一步明确了生态保护在中国环境保护政策和管理中的重要地位。党的十九大报告中也明确指出："建设生态文明是中华民族永续发展的千年大计"，从优化生态安全屏障体系、构建生态廊道、划定生态保护红线，到推进重点领域和重要区域的生态补偿全覆盖、国家公园体制试点，再到研究实施领导干部自然资源资产离任审计制度，都充分体现了生态保护在中国环境管理工作中得到越来越多的重视。

（2）从末端治理到源头控制。通过产业结构调整、鼓励清洁生产、发展循环经济、提倡低碳经济等，从根本上遏制了环境污染问题。党的十九大报告将绿色发展置于生态文明体制改革的第一位，要求考虑生产和消费，建立健全绿色低碳循环发展的经济体系。促进了从源头上减少经济增长对资源的破坏和对环境的污染，从根本上促进了中国经济的绿色发展。

（3）从单纯浓度控制到浓度与总量双控制。目前随着中国总量控制制度的不断完善，不少地方政府通过排污许可证政策的完善和排污权交易试点将浓度与总量双控制的理念贯彻到单个污染源的层次。2016年11月颁布了《控制污染物排放许可制实施方案》，使得总量控制的精细化管理可以真正对症每一个污染源。

（4）从点源治理到流域与区域的环境治理。20世纪90年代以后《中国跨世纪绿色工程规划》开始实施，重点是"三河三湖两区一市一海"，采取综合性措施，以加大流域和区域环境污染的治理力度。"区域限批"政策使得环境治理的"区域"概念得到进一步强化，雾霾引起的区域联防联控推动了区域环境治理的进程。河长制、流域上下游横向补偿机制等，进一步强化了流域环境综合管理。

（5）从污染排放削减到环境质量改善。2012年《环境空气质量标准》的修订，标志着环境质量目标导向的形成。2016年发布了《"十三五"生态环境保护规划》明确了六项环境质量方面的约束性指标。在环境质量考核目标的引导下，环境质量得到了明显的改善。

（6）生态环境保护责任从单一部门职责到各决策部门职责。党的十九大报告要求设立国有自然资源管理和自然生态监管机构来统一行使相关生态环境管理职责等举措，都使得中国国民经济发展的各类决策更为主动的贯彻绿色发展理念。

（7）从行政管理到法律、经济手段。截至2016年12月，政府制定或修订《中华人民共和国环境保护法》等12部环境法律和《中华人民共和国森林法》等13部环境资源法律。国务院发布了《中华人民共和国自然保护区条例》等39件行政法规和《水污染防治行动计划》等重要的规范性文件。国家环境保护行政主管部门规章95部、国务院其他部门的部门有关规章 26 部及大量部门规范性文件，制定了超过 1300 项环境保护标准规范，外加各地方性环境法规，基本形成了中国环境法体系。

为了加强经济手段的激励效果，加强经济手段对污染治理和生态环境保护的激励效果，国务院有关部门正在按照"污染者付费、利用者补偿、开发者保护、破坏者恢复"的原则，在基本建设、综合利用、财政税收、金融信贷以及引进外资等方面，制定与完善有利于环境保护的经济政策与措施。同时，逐步提高排污收费标准，广泛试点排污权交易制度，正式实施环境保护税收制度。已经形成了包括环境信用制度、环保综合名录政策、环境财政政策、绿色税费政策、绿色信贷政策、环境污染责任保险政策、绿色证券政策、绿色价格政策、绿色贸易政策、绿色采购政策、生态补偿政策、排污权交易政策、绿色消费与生态环境损害赔偿等环境经济政策体系。

 ## 三、中国的环境经济政策

中国的环境经济政策是指按照市场经济规律的要求，运用价格、税收、财政、信贷、收费、保险等经济手段，调节或影响市场主体的行为，以实现经济建设与环境保护协调发展。它以内化环境行为的外部性为原则，对各类市场主体进行基于环境资源利益的调整，从而建立保护和可持续利用资源环境的激励和约束机制。与传统行政手段的"外部约束"相比，环境经济政策是一种"内在约束"力量，具有促进环保技术创新、增强市场竞争力、降低环境治理成本与行政监控成本等优点。根据控制对象的不同，环境经济政策包括：控制污染的经济政策，如排污收费；用于环境基础设施的政策，如污水和垃圾处理收费；保护生态环境的政策，如生态补偿和区域公平。根据政策类型分，环境经济政策又包括：市场创建手段，如排污权交易；环境税费政策，如环境税、排污收费、使用者付费；金融和资本市场手段，如绿色信贷、绿色保险；财政激励手段，如对环保技术开发和使用给予财政补贴；当然还有以生态补偿为目的的财政转移支付手段；等等。

我国目前环境经济手段仍然很少，更没有形成一个完整独立的政策体系。预期我国环境经济政策体系将包括以下几个方面。

1. 绿色税收

环境税（绿色税）已被西方广泛采用。如果宽泛理解，环境税包括专项环境税、与环境相关的资源能源税和税收优惠，以及消除不利于环保的补贴政策和收费政策。严格来讲，环境税主要是指对开发、保护、使用环境资源的单位和个人，按其对环境资源的开发利用、污染、破坏和保护的程度进行征收或减免。通常做法仍是"激励"与"惩罚"两类。一方面对于环境友好行为给予奖励，实行税收优惠政策，如所得税、增值税、消费税的减免以及加速折旧等；另一方面针对环境不友好行为给予惩罚，建立以污染排放量为依据的直接污染税，以间接污染为依据的产品环境税，以及针对水、气、固体废弃物等各种污染物为对象的环境税。

2. 环境收费

国际经验表明，（当）污染者上缴给政府去治理的费用高于自己治理的费用时，污染者才会真正感到压力。而如今，中国的排污收费水平过低，不但不能对污染者产生压力，有时反而会起到鼓励排污的副作用。环保部门制定环境经济政策拟联合有关部门，运用价格和收费手段推动节能减排。一是推进资源价格改革，包括水、石油、天然气、煤炭、电力、供热、土地等价格；二是落实污染者收费的政策，包括完善排污收费政策、提高污水处理费征收标准、促进电厂脱硫、推进垃圾处理收费；三是促进资源回收利用，包括鼓励资源再利用、发展可再生能源、垃圾焚烧、生产使用再生水、抑制过度包装；等等。

3. 绿色资本市场

构建绿色资本市场是可以直接遏制"两高"企业资金扩张冲动的行之有效的政策手段。通过直接或间接"斩断"污染企业资金链条，等于对它们开征了间接污染税。企业融资无外乎两种途径：一是间接融资，指企业通过商业银行获得贷款；二是直接融资，指企业通过发行债券和股票进行融资。对间接融资渠道，推行"绿色贷款"或"绿色政策性贷款"，对环境友好型企业或机构提供贷款扶持并实施优惠性低利率；而对污染企业的新建项目投资和流动资金进行贷款额度限制并实施惩罚性高利率。

与间接融资渠道相比，企业发行股票、债券，都要通过证监部门这道关，环保部门联合证监会等部门，研究一套针对"两高"企业的，包括资本市场初始准入限制、后续资金限制和惩罚性退市等内容的审核监管制度。凡没有严格执行环评和"三同时"制度、环保设施不配套、不能稳定达标排放、环境事故多、环境影响风险大的企业，要在上市融资和上市后的再融资等环节进行严格限制，甚至可考虑以"一票否决制"截断其资金链条；而对环境友好型企业的上市融资应提供各种便利条件。

4. 生态补偿

生态补偿政策不仅是环境与经济的需要，更是政治与战略的需要。它是以改善或恢复生态功能为目的，以调整保护或破坏环境的相关利益者的利益分配关系为对象，具有经济激励作用的一种制度。

所有地区和所有人发展的权利都是平等的。假如某个区域的生态环境对整个区域或流域有重大影响，一旦被破坏将会损害其他地区的利益，毫无疑问，这个区域将被限制或禁止开发，但不能因此剥夺这个地区发展的权利，更不能让它独自承担保护环境的代价。因此就需要相关各方对放弃发展机会的该区域予以经济补偿，如对核心生态区域给予保护性投入，实施机会性补偿政策。同时，还要对受益地区推行使用者付费与破坏性赔偿制度，谁使用谁买单，谁破坏谁赔偿，谁也不能随意无偿享受环境资源，所有受益者都应共同分担环境成本。目前，发达国家大都采用了生态补偿政策，成效显著。

在我国现行的几类政策初具生态补偿萌芽。第一类在政策设计上明确含有生态补偿的性质，如生态公益林补偿金政策和退耕还林还草工程、天然林保护工程、退牧还草工程、水土保持收费政策、"三江源"生态保护工程等。第二类可以作为建立生态补偿机制的很好的平台，但未被充分利用好，如矿产资源补偿费政策。第三类看似属资源补偿性的，实际上会产生生态补偿效果，如耕地占用补偿政策。第四类是政策设计上没有生态补偿性质，但实际上发挥了一定作用，今后将发挥更大作用的，是财政转移支付政策、扶贫政策、西部大开发政策、生态建设工程政策。有专家认为，生态补偿在经济学上很难严格定义，通常只能被称作环境财政转移支付政策。

第十二章 排污收费制度

排污收费制度是很重要的环境经济政策之一，经济学家主张用政府引导的经济机制来解决环境问题。排污收费是根据污染所造成的危害对排污者收费，以弥补私人成本和社会成本之间的差距，使二者相等。排污收费制度是庇古税理论的应用。应用边际治理成本和边际外部成本来确定最优排污费率。排污费可以降低控制污染的成本，同时也激励排污企业改进技术、减少污染排放，是非常有效的环境管理的经济手段。本章主要介绍排污收费制度的原理以及国内外排污收费制度的具体应用与举措。

第一节 排污收费制度原理

控制污染排放量的最直接的激励型方法就是由政府部门收取排污费，具体有两种做法：一是针对每单位排放污染物，向企业征收排污费；二是针对每单位的污染削减量给予企业补贴。这种思路的理论基础便是庇古税，因此对于排污收费制度或征收环境税这样的环境管理手段统称为庇古手段。

一、排污收费的经济学分析

排污收费政策，有时也称为排污税。1970 年，美国提出了第一个排污收费计划，对大型发电厂排放的硫化物按照每磅 15 美分征收排污费，虽然这个提议始终没有被采纳，但它给政府控制环境污染提供了新的思路。

排污费的收取意味着企业为它排放的污染物付费，其实是为两件事付费：一是使用环境容量容纳自己的污染物；二是为污染物给其他人造成的损失付费。政府可以通过排污费政策，赋予企业更多的权利，使其自由选择削减排污量的方法，例如改进内部生产过程、使用新的原材料、利用回收技术等。

下面我们通过一个例子来解释排污收费政策的基本原理。表 12 - 1 中给出了某企业的成本状况，并且政府设定的排污税率为每月 120 元/吨。

表 12-1   某企业成本情况

排放物 （吨/月）	边际治理 成本（元）	总治理成本 （元）	按每吨 120 元征税的 总征税额（元）	总成本 = 总治理 成本 + 总税费（元）
10	0	0	1200	1200
9	15	15	1080	1095
8	30	45	960	1005
7	50	95	840	935
6	70	165	720	885
5	90	225	600	855
4	115	370	480	850
3	135	505	360	865
2	175	680	240	920
1	230	910	120	1030
0	290	1200	0	1200

首先我们从总成本的角度考虑，从表 12-1 中可见，当企业的排污量为 4 吨/月时，对应的总成本最低，即 850 元。其次，我们从边际治理成本的角度考虑，假设最初的排污水平是 10 吨/月，如果将排污水平减至 9 吨/月时，需要花费 15 元/吨的治理成本，但是可以少花费 120 元/吨的排污费，这时对于企业而言治理排放是有利的，因此，只要排污费率高于企业的边际治理成本，企业就会不断地削减排放量，直到企业的边际治理成本等于排污费率为止。从表 12-1 中可以看出当排放量控制在 4 吨/月时，其边际治理成本近似排污费率，其总成本最低。

在市场竞争下，企业最终考虑的是总成本，因此，企业最终将会把排污量控制在总成本最小时的产量所对应的排污水平上，即企业最优的排放量应为排污费率（税率）等于边际治理成本时的排放量。如果没有市场竞争的前提，企业会将排污费率（税率）转嫁给消费者，不做任何减排努力。因此，排污费政策起到激励减排作用的前提条件是市场竞争机制的完善。

下面我们对排污费与排放标准做一比较。如果政府收取排污费，企业的总成本为 850 元（总治理成本 + 排污费）；如果政府制定排污标准，则 4 吨/月的排放量，企业的总成本为 370 元（总治理成本）。与排放标准相比排污费政策提升了企业的总成本。这是因为排污标准政策实际上允许企业免费利用环境容量的净化功能，而排污费政策则是要求企业为此付费。

将上边排污费政策做一总结，可概括为：（1）排污费率（税率）等于边际治理成本时的排放量是社会最优排放水平；（2）排污费政策的有效运用需要排污企业处于竞争压力下；（3）存在竞争压力的排污企业，排污费费率（税率）越高，企业排污削减量就会越大；（4）与排污标准政策相比，排污费政策提高了企业的成本。排污标准政策实际上是允许企业免费利用环境的净化功能而排污费政策却要求其为此付费，所以从企业的角度，更乐于接受排污标准政策，但从社会的角度来看，排污费政策优于排污标准政策。

二、排污费率（税率）的设定

在完全竞争的市场条件下，排污费的费率（税率）设定的越高，排污削减量就越多，但究竟设定多高的费率（税率）呢？当政府征收排污费时，企业有三种选择：一是缴纳排污费；二是缩小生产规模；三是购买或安装处理污染的设备或提高清洁生产能力。企业面对这三种可能性时会做出怎样的选择呢？接下来我们对此进行探讨。

图 12-1 的纵轴是成本，由于企业可以通过安装环保设备来减少污染物的排放量，因而污染物排放量不再随着生产规模的变动而同比例变动。因此横轴代表的仅仅是污染排放量。MEC 曲线是边际损害曲线（边际外部成本曲线）；MNPB 线是企业没有环境管制时的边际私人收益曲线；MAC 曲线是有污染管制时的边际治理成本曲线。由于污染物的排放量越少，环境污染的程度越低，进一步治理污染的难度就越大，相应的边际治理成本就越高。

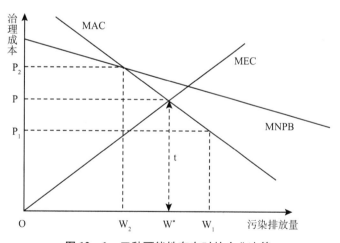

图 12-1　三种可能性存在时的企业决策

对于企业来说，排污费的费率（税率）是无法控制的，在只有减产或缴纳排污费的两种可能性时，如果政府的排污费费率（税率）高于企业的边际私人收益，企业就只有缩小生产规模这一种办法。而当存在减产、安装环保设施、缴纳排污费三种可能性时，如果排污费费率（税率）高于边际私人收益，又高于其边际治理成本，企业就可以在减产或安装环保设备两种情况做选择。在图 12-1 上 W_2 的右边，企业的边际私人收益高于边际治理成本，因而在这一区间，利润最大化动机将促使企业治理污染，而不是减产。而在 W_2 点到原点这一区间，企业的边际私人收益低于边际治理成本，企业将会采取减产的方法。

确定排污费费率（税率）的原则是当污染物的排放量达到有效污染排放水平时，政府征收的排污费费率（税率）相等于企业的边际私人收益，而有效污染排放水平则是由 MNPB 和 MEC 两条曲线的交点来决定。但是，企业的边际私人收益是随着生产规模（产量）的变动而变动的，而边际外部成本是随着污染物排放量或环境污染程度的变动而变动的。只有在企业的污染物排放量随生产规模的变动而同比例变动的条件下，才能够用上述两条曲线的交点来确定有效污染排放水平。由于第三种选择（企业购买和安装环保设备）的出现，图 12-1 中，企业的污染物排放量随生产规模的变动而同比例变动的情况，仅仅适用于从 W_2 点到原点这一区间，即仅仅在厂商的边际治理成本高于其边际私人收益的条件下适用。在 W_2 点的右边，由于在特定污染水平条件下企业的边际治理成本低于其边际私人收益，企业在扩大生产规模的同时，可以用购买并安装环保设施的办法，来控制污染物的排放。既然在 W_2 点的右边，企业的生产规模与污染物排放量之间，已经没有确定的对应关系，故根据 MNPB 线与 MEC 线的交点来确定有效污染排放水平，以及根据污染物排放量达到有效污染排放水平时企业的边际私人收益来征收排污费，就失去了依据。

如果存在如图 12-1 所表示的企业自身治理污染的可能性，有效污染排放水平以及排污费的征收标准，就应当根据 MAC 线与 MEC 线的交点来确定。从图 12-1 中可以看出，当污染物的排放量低于 W^* 时，企业支付的边际治理成本高于社会付出的边际外部成本，此时，对社会来说，不治理比治理有利，因为企业所付出的治理成本也是社会总成本的一部分；反之，当污染物的排放量高于 W^* 时，企业支付的边际治理成本低于社会付出的边际外部成本，此时，对社会来说增加到超过 W^* 的程度，从而损害全社会的利益，就应该根据 W^* 时的边际外部成本来确定排污费的费率 t，这样，企业从自身利益考虑，就会将污染物排放量控制在 W^* 的水平上。

三、排污收费政策的注意事项

（一）等边际原则

政府在运用排污费政策时会按照等边际原则来处理多个污染源的排污问题。对拥有不同边际治理成本函数的企业，如果政府对其征收统一的税率，并且每个企业都会削减排污量，直至边际治理成本与税率相等，那么所有企业的边际治理成本便会自然而然地相等。

假定两个企业 A 和 B 均排放某种污染物，表 12-2 描述了两企业的边际治理成本。在排污削减量相等的情况下，企业 A 的边际治理成本的增加幅度要远远小于企业 B。这种差别通常与企业间生产技术的差异有关，例如，企业可能生产不同的产品；或是处于同一行业中，但采用的生产技术不同。与企业 A 相比，企业 B 所采用的生产技术需要花费更多的成本削减排污量。如果我们对两个企业均按照 33 元/吨征收排污费，则企业 A 和 B 的经营者会分别将排污量削减至 5 吨/月和 15 吨/月，此时，两个企业的边际治理成本相等，即近似 33 元/吨。社会上 A 和 B 的总排污削减量为 20 吨/月，排污费按照等边际原则在两个污染源之间进行分配。

表 12-2　　　　　　　　　企业 A 和 B 同物质污染的边际治理成本

排污量（吨/月）	边际治理成本（元/吨）	
	污染源 A	污染源 B
20	0	0
19	1.0	2.1
18	2.1	4.6
17	3.3	9.4
16	4.6	19.3
15	6.0	32.5
14	7.6	54.9
13	9.4	82.9
12	11.5	116.9
11	13.9	156.9
10	16.5	204.9
9	19.3	264.9
8	22.3	332.9
7	25.5	406.9
6	28.9	487.0
5	32.5	577.0
4	36.3	677.2
3	40.5	787.2
2	44.9	907.2
1	49.7	1037.2
0	54.9	1187.2

在排污费政策下，企业 A 的排污量削减了 75%，而企业 B 仅仅减了 25%，即大部分的排污削减量由边际治理成本较低的企业承担。假设政府遵照"一视同仁"的原则采用等比例削减方法，要求两个污染源将各自的排污量削减 50%，则两个污染源均会将排污量削减至 10 吨/月，此时它们的边际治理成本不等，即 A 为 16.5 元/吨；B 为

204.9 元/吨。我们可以根据总成本是边际成本之和来计算污染源的总治理成本，即污染源 A 削减 10 吨排污量的总治理成本是 1.0 + 2.1 + … + 16.5 = 75.9（元）；B 削减 10 吨排污量的总治理成本是 2.1 + 4.6 + … + 204.9 = 684.4（元）。此时的社会总治理成本为 760.3 元。

对污染源在等比例削减政策和排污费政策下执行成本进行比较。当政府采用等比例削减方法时，污染源 A 的治理成本是 75.9 元；污染源 B 的治理成本为 684.4 元；社会总治理成本是 760.3 元。而采用排污收费政策（等边际原则）时，A 的治理成本是 204.4 元；B 的治理成本是 67.9 元；社会总治理成本为 272.3 元。等比例削减方法的总执行成本是排污费政策的 2.8 倍，原因很简单：等比例削减方法违背了等边际原则，政府仅要求企业削减相同比例的排污量，而不考虑企业边际治理成本曲线的高度和形状。

我们需要强调一点，即使政府对企业的边际治理成本函数一无所知，仍可运用排污费方法（例如，其符合等边际原则）取得有效率的结果。与排污标准政策相反，为了制定有效率的计划，后者要求政府必须详细掌握每家企业的边际治理成本。在每家企业均按照其边际治理成本对其排污量进行调整之后，它们各自都会将排污量控制在满足等边际原则的合理水平。

（二）异质污染

边际损害不同的两个污染源，即使污染排放量相同，但是可能因为距离人口聚集区远近差异，或者出于城市的上风区或下风区，而造成对城市的损害不同，称为异质污染。在现实中这样的现象比较常见。分析污染源地理位置的差异是对异质污染问题进行全面研究的关键。

如果对两个异质污染源征收统一的排污税费，对社会而言不是一个有效率的政策。因为"一刀切"的排污收费只考虑不同污染源的边际治理成本的差异，而没有考虑不同的污染源排放的污染物所引起的边际损害的不同。如离城市较近的污染源所削减的一个单位的污染量所带来的城市环境治理的改善程度要比距城市较远的污染源的削减一单位污染量的效果明显。因此在制定排污收费时要充分考虑异质污染因素。就需要掌握每个污染源所排放的污染物对周边环境质量影响的程度。在实际操作中，每个异质污染都差别对待是不现实，对此最好的方案是实行分区收费。即政府将一个地区划分为若干分区，处在同一分区的污染源承担相同的排污费率（税率），区与区之间实行差别费率（税率）。

（三）物质守恒

一定量的污染物排放，如果在一种自然媒介中的排放量减少，那么在其他自然媒介中的排放量必然增加。所以应该注意物质守恒定律。如果忽略了这一点，我们就有可能陷入这样一种局面：例如，政府对企业所排放的某种水污染物征收排污税，企业采用一种成本相对较低的方式对污染物进行焚烧处理，这实际上将增加空气中污染物的排放量。这意味着如果要对排放到某种环境媒介的污染物设定排污税，政府还需要考虑并解决这种污染物排放到其他环境媒介中的情况。对此有若干种解决办法，其中之一是政府对企业排放到任何环境媒介中的污染物均征收统一的税率。但如果污染物在不同环境媒介间的边际损害不同，在信息充分的情况下，我们就需要设定污染物被排放到不同环境媒介时相应的税率。政府还可以通过禁止企业的某种行为来解决上述问题，例如，对于上述的例子，政府可以立法禁止企业在削减水污染物排放量时增加空气污染物的排放量。

（四）排污费的不确定性

不确定性是指当政府将排污税率设定在某个水平时，他们并不清楚能够削减的排放量，这主要取决于企业的反应，因为政府无法确切地掌握污染源的边际治理成本。

图 12－2 描述了两个企业的不同边际治理成本函数。

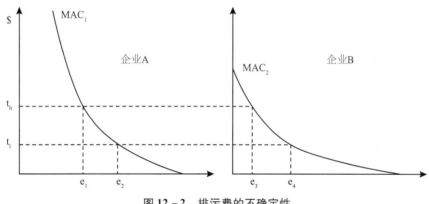

图 12－2　排污费的不确定性

MAC_1 较 MAC_2 更为陡峭，如果政府将排污费税率设在 t_h 对企业 A 削减到 e_1，如果排污费税率设定在 t_l 企业 A 排放量则为 e_2；企业 B 分别为 e_3 和 e_4。可见排污费税率的高低对于 MAC_2 产生的影响更大。所以，如果企业都是较平缓的边际治理成本曲线，则对制定排污费的费率（税率）的精确性要求更高。费率（税率）的细微差别，可能产生的排污量的变化非常的大。此时，可考虑用其他的环境经济政策。

 ## 四、排污收费对企业创新的激励作用

政府实施一项环境经济政策除了控制环境污染，提高环境质量以外还会考虑到对污染控制技术创新方面的激励作用。排污收费方法的优点之一，便是其能够极大地激励企业进行治污技术的创新。

如图 12－3 描述了一家企业的两条不同的边际治理成本曲线，MAC_1 反映了企业在当前的技术条件下削减排污量所产生的成本，MAC_2 代表企业致力于技术研发创新后，相应的边际治理成本曲线。

假设企业所承担的排污税率为 t 美元/吨，起初，它会将排污量削减至 e_1 水平，此时企业与排污相关的总成本包括面积为（d+e）的治理成本及面积为（a+b+c）的税费。如果企业通过研发新技术使其边际治理成本曲线移动至 MAC_2，则其排污量会降至 e_2 水平，此时企业需要支付面积为（b+e）的治理成本及面积 a 的税费，企业的总成本降低了面积（c+d）。如果企业面临的是一项规定排污上限为 e_1 的排放标准，企业采用新技术所产生的成本节省额仅为面积 d。同样，当新技术变得可行之后，如果政府将排放标准由 e_1 变为 e_2 则由于研发成本的缘故，企业的总成本实际上会增加。

因此，与排污标准政策相比，排污费政策对企业的研发激励会引发其与污染控制相关的成本（治理成本及税费）下降更大的幅度。此外，在排污费政策下，只要能找到使边际治理成本曲线向下移动的方法，企业就会自发地削减其排污量；而对于标准方法而言，就无法产生这种自发的行为。产生这种差别的原因在于：在承担排污税的情况下，企业不但要耗费治理成本，而且还要支付排污费用；而在面临一项排污标准时，企业仅需要支付治理成本。所以在排污费政策下，企业通过研发新的治污技术能够产生更大的成本如图 12－3，排污费对于企业创新更有激励作用。

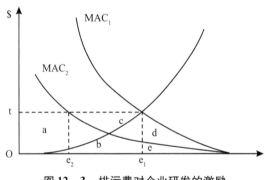

图 12－3　排污费对企业研发的激励

 五、排污收费政策存在的问题

1. 信息失真对排污费的影响

制定排污费的费率（税率）时，需要对损害函数和边际治理函数有比较全面的掌握，但是在现实操作中，这点很难。当然如果不要求信息的绝对准确，现实中可以使用试错法调整排污税率。

2. 排污费的公平性

考虑排污收费的公平性，主要涉及两个方面问题：

第一，排污者是否收到了"双重惩罚"。所谓的双重处罚是指企业承担了削减排污量而产生的成本，同时还得向政府缴纳排污费用。从社会角度来看，排污收到"双重处罚"应该说是合理的，这实质上是环境资源所有权的界定问题。实施排污收费的前提条件是经济活动者设有权利向环境排放污染物，这种权利属于国家。所以，经济活动者缴纳排污费实际上是向污染排放权的所有者购买这种权利。污染排放权实际上是由环境容量资源所有者的免受污染损失权和环境容量使用权这两部分组成的。体现在排污费的构成上，前者表现为经济活动者使用环境财产所有者的环境容量资源时支付的一种租金。所以，这种财产权的界定下，经济活动者使用环境财产所有者的环境容量资源时支付的一种租金。所以，这种财产权的界定下，经济活动者接受所谓的"双重处罚"是合理的。如图 12 – 4 所示双重处罚的形成。

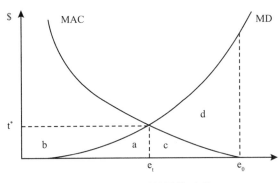

图 12 – 4　双重处罚的形成

当排污量由 e_0 下降到 e_t 时，排污的总损害下降了 c + d。而此时的排污损害 a 要小于需缴纳的排污费 a + b。此时的 a 为其所造成的损害支付的污染损失费，而 b 则为排污者使用环境容量时支付的一种租金。

第二，生产者和消费者的税费分担问题。具体的操作环节上，会存在很多对消费者不公平的情况。这主要取决于市场的完全竞争状态。这当中也需要政府对分担比例进行掌控与调控。

第二节　欧美排污收费与环境税

 一、欧美排污收费应用

在水污染控制领域方面，排污收费有着悠久的历史和最广泛的应用。早在 1904 年，德国在鲁尔流域就实施了废水排放收费，而且经过不断地补充和完善形成了"鲁尔模式"。在该系统中，鲁尔河流域协调负责建设和管理区域处理设施，流量增加和河流自行充氧系统，流域中的一些河流被用作下水道，把污水截留到中央处理设施，而其余河流则依据区域规划保持水质清洁，但所有这些活动所需的资金，按照排污者的排放的

BOD 人口当量和有毒物质所占份额比例，分推给排放者。该模式于 20 世纪 80 年代初在联邦德国范围内推广应用。在德国统一以后，水污染收费在全国实施，而且被认为是国际上最有效的排污收费制度。

在全国范围应用水污染收费，最早起源于法国。法国与 1964 年实施了《64－1245号法令：污染控制法》，1969 年根据该法令在全国范围实行水污染收费，为全国六个"水管局"提供财政资金，所依据的污染物主要包括悬浮物、可氧化物质、有机氨氮和禁排物质等。1986 年，法国水污染收费额达 2.74 亿美元。

 ## 二、环境税

环境税是指对开发、保护和使用环境资源的单位和个人，按环境资源的开发利用、污染破坏和保护程度进行征收或减免的一种税收。主要有开发、利用环境资源的行为税和污染产品税两种。前者如开发利用森林资源税、开发利用水资源税，后者如含铅汽油税、含 CFC 产品税等。征收环境税的主要目的是通过对环境资源的定价、改变市场信号，降低生产和消费过程中的污染排放，同时鼓励有利于环境的生产和消费行为。

根据 OECD 以及欧盟的经验，环境税通常分为成本型环境税、刺激型环境税和财政型环境税。

（1）成本型环境税，最早的经验来自传统的管制性环境政策。根据污染者付费原则，管制的费用应由被管制者来支付。成本型环境税有两种类型：①指定用途的环境消费。②使用者付费，即使用者为使用某一具体环境设施而付费，如污染处理设施或废物处理设施。

（2）刺激型环境税，这类税收的主要目的是为了改变破坏环境的行为，而不是主要增加财政收入。该税收的标准可根据下列测算来制定：①环境破坏的费用；②达到环境目标所需要的价格信号。这种税收的收入通常以拨款或税收刺激的方式来进一步促进行为改变。瑞典对 NOX 的征税和德国对有毒废物的征税就属于这类环境税。

（3）财政性环境税，通过税收改变并试图改变人们的行为，同时，它会带来财政收入。财政型环境税是目前北欧国家环境税的主要形式。通常，通过提高对资源消耗和环境污染收税，同时降低公司和个人所得税以及资本税收来实现。一般称这种环境税的改革为"绿色税收"改革。这些税收改革总体上保持对企业和个人的税负不变，通常的形式对能源和污染征税，如对固体废弃物、水污染物、农药和化肥等征税。

这三种类型的环境税并不是相互排斥的。成本型环境税可能有刺激作用。同样，财政型环境税也有刺激作用。或者财政环境税所筹集的款项也可用于有关的环境目的。税收的目的甚至随着时间的迁移而变化。

 ## 三、欧美环境税的应用

OECD 成员自 20 世纪 60 年代开始征收成本型环境税，到 80 年代和 90 年代提供的刺激型和增加收入型环境税的综合使用，取得了良好的环境效果和刺激效果。这些效应有助于改善四个关键领域的政策，即技术革新、提高竞争力、提高就业以及税收体制的绿色化改革。

瑞典征收"硫税"，2 年内燃料中硫含量平均值下降幅度可达 40%，硫排放显著降低。虽然是财政型环境税，但却有较强的刺激作用，较高的税率起到了刺激作用。征收"二氧化碳税"，2 年内社区供热从使用矿物燃料转为生物燃料，提高了热电联产的竞争能力。征收"国内航空税"，一家航空公司加快更新内燃机，1~3 年内会对排放起到积极作用。征收"无铅汽油的差别税率"，税率差异对 5~7 年内逐步淘汰含铅汽油起着重要作用，同时税率差异考虑了含铅汽油的外部成本，增强了刺激作用。征收"清洁柴油的差别税率"，税率差异在 3~4 年内使严格执行环境标准的清洁燃料的市场份额急剧上升，此类燃料的退税产生了强大的刺激，因为退税使生产费用降低到低于标准燃料的生产费用。

第三节　中国的排污收费制度

 一、中国排污收费制度的发展历程

20 世纪 70 年代末，根据"污染者付费"的原则，我国提出了排污收费制度，这是在我国环境管理中最早提出并普遍实行的管理制度之一。排污收费制度在我国实施已经四十多年，大概经历了四个发展阶段。

第一阶段（1978~1981 年）：提出和试行阶段。

在《环境保护工作汇报要点》（1978 年 12 月）中，原国务院环境保护领导小组首次提出在我国实行"排放污染物收费制度"的设想。

《环境保护法（试行）》（1979 年 9 月）第 18 条规定：超过国家规定的标准排放污染物，要按照排放污染物的数量和浓度，根据规定收取排污费，从法律上确立了我国排污收费制度。

1979 年，苏州市率先进行排污试点，至 1981 年底，我国有 27 个省、直辖市自治区逐步开展了排污收费的试点工作。

第二阶段（1982~1987 年）：建立和实施阶段。

1982 年 2 月，国务院办公厅总结 27 个省、自治区、直辖市开展排污收费工作试点的基础上，发布了《征收排污费暂行办法》标志着我国排污收费制度的正式建立。

第三阶段（1988~2002 年）：排污收费制度改革、发展阶段。

1988 年的《污染源治理专项基金有偿使用暂行办法》，拉开了排污费制度的帷幕。

第四阶段（2003 年至今）：完善阶段。

《排污费征收标准管理办法》于 2003 年 7 月 1 日起执行，标志排污收费制度的不断完善。

二、中国排污收费制度概要

1. 污水排污费

（1）向水体排放污染物的，按照排放污染物的种类、数量计征污水排污费；

（2）超过国家或者地方规定的水污染排放标准的，按照排放污染物的种类、数量和此规定的收费标准计征的收费额加一倍征收超标准排污费；

（3）对向城市污水集中处理设施排放污水，按规定交纳污水处理费的，不再征收污水排污费；

（4）对城市污水集中处理设施接纳符合国家规定标准的污水，其处理后排放污水有机污染物、悬浮物和大肠杆菌群超过国家或地方排放标准的，按上述污染物的种类、数量和规定的收费标准的收费额加一倍向城市污水集中处理设施运营单位征收污水排放费。对城市污水集中处理设施达到国家或地方标准排放的，不征收污水排污费。

2. 废气排污费

对向大气排放污染物的，按照排放污染物的种类、数量计征废气排污费。对机动车、飞机、船舶等流动污染源暂不征收废气排污费。

3. 固体废物及危险物排污费

对设有建成工业固体废弃物贮存、处置设施或场所，或者工业固体废弃物贮存、处置或场所不符合环境保护标准的，按照排放污染物的种类、数量计征固体废物的排污费。对以填埋方式处置危险废物不符合国务院环境保护政策主管部门规定的，按照危险废物的种类、数量计征危险废物排污费。

4. 噪声超标排污费

对环境噪声污染超过国家环境噪声排放标准，且干扰他人正常生活、工作和学习的，按照噪声的超标分贝数计征噪声超标排污费。对飞机、船舶、机动车等流动污染源暂不征收噪声超标排污费。

三、中国排污收费制度存在的问题

（1）收费不全面。排污收费的对象主要是大中型企业和一部分事业单位，对第三产业和乡镇企业的排污收费仅在一部分地区开始实行。居民生活污染物排放基本未实行收费。

（2）收费标准偏低。根据收费标准收取的排污费，至少应当不低于污染治理费用，而目前的排污收费标准，仅为污染治理设施运转成本的 50%，有些不到 10%，对于污染控制缺乏刺激，使企业宁愿交排污费购买排污权。

（3）污染治理资金使用效益不高。现行的排污费资金使用体制导致有限的资金分散使用，忽视了必要的集中治理，不仅投资效益下降，而且影响治理设施的运转。

（4）排污费大部分无偿使用。排污收费污染治理资金有偿使用的比例仅为20%～30%，贷款利率低，贷款项目完成后还可以申请豁免。

（5）有些政策规定排污费只能用于工业污染的末端治理，不能用于清洁生产和集中控制设施，影响了投资效果。

（6）由于使用行政手段管理排污收费资金，不可避免地受到来自各方面的行政干预，挤占、挪用、拖欠、积压排污收费资金的现象比较普遍。

第十三章　排污权交易

排污权交易是环境经济政策的重要手段之一。在 20 世纪 70 年代由美国经济学家戴尔斯提出，应用于美国的大气污染源及河流污染管理，而后德国、澳大利亚、英国等国家相续进行了排污权交易政策的实践。排污权交易的主要思想就是建立合法的污染排放权利，并允许这种权利像商品那样被买入和卖出，以此来控制污染物的排放量。它是科斯产权理论的实践应用。本章主要介绍排污权交易的原理以及国内外排污权交易的实践。

第一节　排污权交易概述

 一、排污总量控制

"总量控制"是相对于"浓度控制"而言的。浓度控制是指以控制污染源排放口排出污染物的浓度为核心的环境管理方法体系。总量控制是指以控制一定时段内一定区域内排污单位排放污染物总量为核心的环境管理方法体系。它包含了三个方面的内容：一是排放污染物的总量；二是排放污染物总量的地域范围；三是排放污染物的时间跨度。通常有三种类型：目标总量控制、容量总量控制和行业总量控制。目前我国的总量控制基本上是目标总量控制。

在实施总量控制时，污染物的排放总量应小于或等于允许排放总量。区域的允许排污量应当等于该区域环境允许的纳污量。环境允许纳污量则由环境允许负荷量和环境自净容量确定。污染物总量控制管理比排放浓度控制管理具有较明显的优点，它与实际的环境质量目标相联系，在排污量的控制上宽、严适度。执行污染物总量控制，可避免浓度控制所引起的不合理稀释排放废水、浪费水资源等问题，有利于区域水污染控制费用的最小化。

政府提出"总量控制"实际上是区域性的，也就是说，当局部不可避免的增加污染物排放时，应对同行业或区域内进行污染物排放量削减，使区域内污染源的污染物排放负荷控制在一定数量内，使污染物的受纳水体、空气等的环境质量可达到规定的环境目标。目前我国总量控制的对象主要是指国家"九五"期间重点污染控制的地区和流域，包括：酸雨控制区和 SO_2 控制区；淮河、海河、辽河流域；太湖、滇池、巢湖流域。

二、排污权交易的主要思想

排污权交易是当前受到各国关注的环境经济政策之一。排污权交易的主要思想就是建立合法的污染物排放权利即排污权（这种权利通常以排污许可证的形式表现），并允许这种权利像商品那样被买入和卖出，以此来进行污染物的排放控制。

一般做法是首先由政府部门确定出一定区域的环境质量目标，并据此评估该区域的环境容量。然后推算出污染物的最大允许排放量，并将最大允许排放量分割成若干规定的排放量，即若干排污权。政府可以选择不同的方式分配这些权利，如公开竞价拍卖、定价出售或无偿分配等，并通过建立排污权交易市场使这种权利能合法地买卖。在排污权市场上，排污者从其自身利益出发，自主决定其污染治理程度，从而买入或卖出排污权。图13－1描述了排污权交易制度。排污权交易的思想起源于科斯产权定理，由美国经济学家戴尔斯于20世纪70年代提出，并首先在美国环境管理领域广泛应用，随后推广于世界各国。

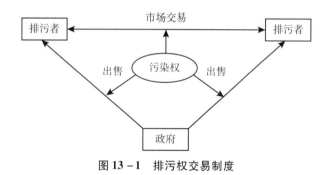

图 13－1 排污权交易制度

第二节 排污权交易的市场机制

一、排污权交易制度的经济学分析

排污许可证是人们创造的一种新型产权。每单位许可证允许持有者排放一单位（许可证上规定的单位，如磅、吨等）指定污染物。企业可以同时持有多个排污许可证。如果一家企业持有100个许可证，那么它就可以在特定的时间范围内最多排放100个单位的指定污染物。因此，企业持有的许可证数量之和，即为政府允许的排污量上限。一般情况下排污许可证可以转让。在排污许可证交易市场上，有权参与交易的双方以合理的价格出售和购买排污许可证。在实施可转让排污许可证计划时，政府需要预先确定用于流通的许可证数量，然后将许可证分配给各个排污者。政府必须按照一定的规则在企业之间分配许可证,首先确定环境容量总量,然后以拍卖或者无偿分配的方式分配于各个排污企业。

例如,假设政府制定了一项可转让排污许可证计划用以削减发电厂硫的排放量。若现在每年硫排放总量是15万吨,政府希望将其削减至10万吨/年。我们首先研究其中一家发电厂,假定目前该企业硫的排放量为7000吨/年,政府给予其5000个单位的排污许可证,在此情况下,电厂的经营者面临着三种选择:(1)将电厂的排污量削减至手头许可证规定的水平;(2)购买额外的许可证,从而加大其排污量;(3)将电厂的排污量削减到低于起初获得的许可证所规定的水平,然后出售其富余的许可证。

排污企业之间买卖排污许可证的最终结果,是使排污总量在各企业之间按照等边际原则分配。图13-2中,有两家企业排放均匀同质的污染物,两家企业拥有不同的边际治理成本曲线。削减等量的排污量,企业B的成本要高于企业A。假设起初两家企业都没有采取措施控制排污量,因此,当前的年污染物排放总量为210吨,其中企业A的排放量为120吨,企业B为90吨。假设政府规定将排污总量减至105吨/年(即削减50%的排放量),政府首先设定105个单位的排污许可证,每单位许可证允许企业每年排放1吨污染物。然后将许可证发放给两家企业。我们假设许可证按照企业当前的排放比例分配,因此,企业A获得60个单位的许可证,而企业B获得45个单位的许可证。

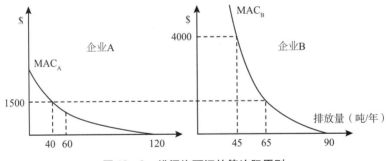

图13-2 排污许可证的等边际原则

企业A必须将年排污量削减至60吨,企业B则需要削减至45吨,两家企业通过买卖排污许可证的方式重新分配各自的排污数量。假定企业B把污染排放量削减至45吨,该点的边际治理成本为4000元/吨。如果它能够以低于4000元/吨的价格买到额外的许可证,就可以通过节省一部分的治理成本而获利。对企业A而言,将污染排放量减少至60吨的边际治理成本为1200元/吨。如果它能够以高于1200元/吨的价格出售其拥有的排污许可证,而加大污染削减的幅度,出售许可证的收入将高于增加的污染控制成本,从而获得一部分利润。因此,企业A乐于以不低于1200元/吨的价格出售排污许可证,企业B则愿意以不高于4000元/吨的价格购买排污许可证。只要许可证交易价格在1200元至4000元之间,双方均可获利,这就是两家企业进行排污许可证交易所能得到的利益。

企业 A 出售给企业 B 出售 1 单位的许可证之后，其排污量将减少 1 吨，即 59 吨。而企业 B 的污染排放量将增加 1 吨，为 46 吨。此时，两家企业的边际治理成本仍不相等。只要双方边际治理成本不等，企业 A 和 B 就可以通过交易排污许可证获利。这种情况会一直持续到两者的边际治理成本相等为止，此时，两家企业的排污量将分别为 40 吨和 65 吨，企业 A 所拥有的许可证数量将减少至 40 张（最初获得的 60 张减去卖给企业 B 的 20 张），而企业 B 所持有的许可证数量则增加到 65 张（起初分得的 45 张加上从企业 A 买来的 20 张）。此时，只要流通中的许可证总量不变，总排污量就不会发生变化。

二、排污权交易制度的注意事项

（一）排污权的初始设置

运用排污权交易进行污染控制的关键在于如何合理地把许可证分配给各个污染源。每个企业都希望能够得到尽量多的许可证。一个最大的难题是采用何种方式分配许可证。一般有以下几种操作：

（1）排放同种污染物的企业，平均分配许可证。给予每个污染者同等数量许可证；

（2）根据每个企业当前的排污量来分配许可证。例如例子中，总量消减 50%，则各企业均在目前排污量基础上消减各自的 50%；

（3）目前，各国政府多采用混合系统，先免费分配一定数量的许可证，然后拍卖其余的许可证。

（二）建立交易原则

为了使排污许可证市场有效的运行，政府必须制度明确的规则管理市场参与者及规范交易程序。通常需要注意以下两点：

（1）政府需要确定的一条最基本的原则是规定许可证市场的参与者，即只限制污染者参与交易，还是允许任何任何人都可以介入。

（2）如何削减许可证数量。有两种方法：第一种是借助排污许可证市场。政府购回一定数量的许可证将其报废。不再出售、允许个人或组织，环境团体购买排污许可证，如，在美国，1995 年曾经有七所法学院的学生与电力公司代表竞买政府发行的二氧化硫排污许可证。这些法学院的学生筹集了 3256 美元，用以购买 176400 张许可证中的 18 张，每张许可证允许排放的二氧化硫为 1 吨。这些学生竞买许可证并不是为了出售以获得利益，而是打算让这些许可证退出流通。第二种是表明许可证的有效期限，即每张许可证允许者在规定的期限内排放污染物。例如一年，每个污染源每年所获得的许可证数量不是固定不变的。而是持续降低的。污染源可能在第一年得到 100 张许可证，第二年分别得到 95，第三年 90 张。

(三) 对于异质污染的考虑

现实生活中往往存在异质污染问题，因此在排污许可证交易中我们也不能忽视异质污染。在对排污许可证进行分配后，我们允许排污企业之间进行自用交易许可证。只要流通中的许可证总量保持恒定，我们就能有效地控制该地区的排放总量。但如果一家位于下风口的排污企业把排污许可证卖给位于上风口的排污企业，虽然排污总量不变，但却增加了对城市的损害。

避免这一问题的一种途径就是调整交易规则，把不同污染源对环境质量的不同影响这个因素考虑在内。假设由于地理位置的差异，企业 A 排放的每一单位污染物对环境的损害程度是企业 B 的两倍。因此，环境管理部门就应当规定，如果企业 A 向企业 B 购买排污许可证的话，必须购买两张许可证才能增加一单位污染排放量。当把这一原则扩展到存在多个污染源的情况时，用分区制度，即政府首先划分若干分区，同一分区内的污染源地理位置相近，因此排放的污染物对周边环境质量的损害程度差别不大。政府可以采取两种方法：（1）只允许同一分区内的污染源之间进行交易；（2）根据上面所讲的方法调整跨区交易的交换比率。

三、排污许可证交易制度对企业研发的激励作用

图 13 - 3 描述了排污许可证交易对企业研发的激励作用。假设企业当前的边际治理成本函数为 MAC_1，每张许可证售价 P。经过调整后，企业目前持有的许可证 e_1，因此排污量也是 e_1，总治理成本为 $(a + b)$，在研发激励下，企业会寻找成本较低的控制排污量方法，这样企业就可以通过出售由于排污量减少而富余出来的许可证获得利润。边际治理成本曲线 MAC_1 移动到 MAC_2。在边际治理成本曲线为 MAC_2 的情况下，企业的排污水平为 e_2，总治理成本相当于 $(b + d)$ 的面积。企业可以将富余出来的 $(e_1 - e_2)$ 张许可证出售，获取利润额为 $P(e_1 - e_2) = c + d$。

在 MAC_1 情况下的总治理成本 - 在 MAC_2 下的总治理成本 + 出售许可证所获收益 $(a + b) - (b + d) + (c + d) = a + c$ （见图 13 - 3）。

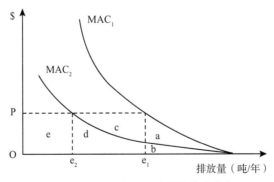

图 13 - 3　排污许可证交易和技术革新

四、排污权交易有利于优化资源配置

直接管制情况下，某区域即便在每个污染源都满足排放要求的条件下，当新工厂进行该区域产生，新污染源的到来也将导致区域大气质量的恶化。

环保部门可能的做法是禁止新企业进入该区域投入运营。即使新建企业的经济效益可以高于原有的企业，而其边际质量成本低于原有企业。但是排污权交易为这些企业提供了一个机会。

由于排污权交易实行总量控制，即政府发放的排污许可证数量不变，供给曲线不变。在此前提下，新建企业的进入使需求曲线移动到 D_1 点，每个许可证的价格上升到 P_1 点。

如果新建企业的经营效益高，边际治理成本低于原有企业，只需购买少量的排污许可证就是以便于其生产规模达到合理水平并盈利。

而另一些工艺技术较落后的企业会因排污许可证上涨而造成的成本上升压垮，退出竞争，从而实现资源的最优配置。

第三节 欧美的排污权交易

一、美国二氧化硫排放权交易

20 世纪 80 年代的铅交易计划，要求汽油精炼厂要在当时的排污水平上削减 10%。环保局授权各炼油厂可以交易铅排放额度，1985 年国家环保局还制订了一项铅储备银行计划，允许精炼厂储存其铅排放额度以备将来使用。各炼油厂广泛参与了该计划，并在环保和铅排放量削减方面取得了很好的成绩。

二、全球碳排放权交易

随着气候变化和全球环境问题突出，碳交易作为解决问题的思路之一广受关注。那么"碳交易"是怎样产生的，要解决什么样的问题？

近年来，全球极端天气频繁出现。仅以 2012 年为例。1～2 月，欧洲中部和东部出现罕见寒流暴雪天气，部分地区出现百年来最低温度，导致交通中断，大量航班延误。此次暴雪天气共造成东欧逾 650 人死亡。

再看 7 月 21 日的北京城，遭遇了自 1951 年有气象记录以来最凶猛、最持久的一次强降雨。受灾人口 190 万人。市区路段积水，交通中断，铁路停运，航班停飞；道路、

桥梁、水利工程受损，初步统计经济损失近百亿元，因暴雨遇难 37 人。

视线来到北美，10 月的美国正被飓风"桑迪"困扰。10 月 30 日，桑迪以一级飓风的强度在美国新泽西州大西洋城附近沿海登陆，登陆时中心附近最大风力有 12 级。美国全境因飓风"桑迪"造成的死亡人数达 113 人。根据美国灾情数据库分析，"桑迪"是 1900 年以来造成损失最大的灾害之一。

澳大利亚气象局已经证实，2012 年底到 2013 年初是澳大利亚有史以来最炎热的一个夏季，这个愤怒的夏季打破了多项自然灾害的记录，多地出现了高温、洪水、森林大火。

我们不禁要问，极端天气现象现在为何如此频繁，背后的原因到底是什么？我们说极端天气现象和一些气候灾难与全球变暖气温上升有着密切的关系。

根据 1860 年来全球平均气温距平变化，自 1860 年有气象仪器观测记录至今全球平均气温基本处于波动上升趋势，最暖的年份均出现在 1980 年以后。尤其是近 20 年。什么原因使得近年来气温升高？

根据 1960 年来美国夏威夷冒纳罗亚观象台每月平均二氧化碳浓度数据，排放到空气中的二氧化碳等温室气体浓度在逐年升高。20 世纪 60 年代开始记录二氧化碳浓度时，这一数值只有 315ppm，此后一路上升。美国夏威夷的气象监测站测得大气中二氧化碳浓度达到了 400ppm，创下人类历史新高。一些气候研究专家认为，二氧化碳浓度达到 400ppm 是一个界限值，超过该界限值后，全球气温将因此上升 2℃。这将是气候变化发生不可逆转改变的临界值。科学家们认为 350ppm 是安全上限。

为了使得大气中二氧化碳浓度重回 350ppm 的安全范围内，就必须在全球范围内削减以二氧化碳为首的温室气体的排放量。而碳交易是解决问题的思路之一。

碳资产，原本在这个世界上并不存在，它既不是商品，也没有经济价值。但 1997 年《京都议定书》的签订，改变了这一状况。在环境合理容量的前提下，政治家们人为规定包括二氧化碳在内的温室气体的排放行为要受到限制，由此导致碳的排放权和减排量额度（信用）开始稀缺，并成为一种有价产品，称为碳资产。

在对碳资产重新认识的基础上，把市场机制作为解决二氧化碳为代表的温室气体减排问题的新路径，即把二氧化碳排放权作为一种商品，从而形成了二氧化碳排放权的交易，简称碳交易。

碳交易的理论基础为排污权交易、排污税的相关理论。碳交易的政策基础是《联合国气候变化框架公约》和《京都议定书》的相关条款。碳交易的技术基础为碳减排技术、清洁能源技术。

为了达到《联合国气候变化框架公约》全球温室气体减量的最终目的，《京都议定书》规定了三种碳交易机制。

1. 联合履行（joint implementation，JI）

JI 机制：发达国家之间的合作机制。发达国家之间通过项目级合作实现的减排单位可以转让给另一发达国家缔约方，同时在转让方的数量配额上扣减相应的额度。

2. 排放交易（emissions trade，ET）

ET 机制：一个发达国家，将其超额完成减排义务而剩余的指标，以贸易的方式转让给另外一个未能完成减排义务的发达国家，同时从转让方的允许排放限额上扣减相应的转让额度。

与 JI 不同，ET 并不需要基于具体的具有温室气体减排或碳汇吸收的效果的项目来实施这种合作，而是直接进行贸易。

3. 清洁发展机制（clean development mechanism，CDM）

清洁发展机制是《京都议定书》确定的一个基于项目的减排机制。CDM 机制是唯一包括发达国家（买方）和发展中国家（卖方）的机制。清洁发展机制是一项双赢的机制，一方面发展中国家可以获得资金和技术，另一方面发达国家可大幅度降低其在国内实现减排所需的高额成本，从而降低全球为减排温室气体而付出的总体经济成本。如目前英国工业企业在本国减排成本很高，估计 1 吨至少都要花费 20 ~ 30 欧元，但若在发展中国家购买，价格则只有 7 ~ 10 欧元。

这 3 种机制的共同特点是实现"境外减排"，即不在本国境内完成减排任务。

具体在实施过程中，碳交易有两种类型：一种是配额型交易；另一种是项目型交易。

配额型交易（allowance-based transactions）：指总量管制下所产生的排减单位的交易，我们不妨看一个实际的例子。

有 A、B 两个公司，每年的碳排放量均为 10 万吨，但是得到的碳排放配额是 9.5 万吨，两公司的总量排放限值为 19 万吨。这两个公司面临两种选择：其一，企业通过减排使得碳排放量达到 9.5 万吨以内符合总量管制（cap），我们假设 A 公司的减排成本是每吨 5 欧元，B 公司的减排成本是每吨 15 欧元，市场价格是每吨 10 欧元。其二，通过向市场购买碳排放权来满足排放量 10 万吨的需求。

首先我们来看 A 公司的选择，由于减排成本较低，A 公司会选择减排并出售超额减排量。如果所有的减排量都由 A 公司承担即 1 万吨，其中 5000 吨减排为了符合配额，另外 5000 吨排放权卖给 B 公司。实现减排 1 万吨需要成本 5 万欧元，卖出碳排放权将得到 5 万欧元的收益。

对于 B 公司而言，因为减排成本较高，他会向市场购买碳排放权 5000 吨，以 10 欧元每吨的价格，共需支出 5 万欧元，向谁购买呢？就向 A 公司购买，这样，A 公司实际排放了 9 万吨，并出售了 5000 吨的碳排放量，而 B 公司因为减排成本高，向市场购买碳排放量 5000 吨，两个公司共排放 19 万吨，符合总量管制，这就是配额型碳交易的基本思路。只是在《京都议定书》中，根据排放权交易机制，两个公司换作两个发达国家。

碳交易类型称为项目型交易（project-based transactions）：指因进行减排项目所产生的减排单位的交易，如清洁发展机制下的"排放减量权证"、联合履行机制下的"排放减量单位"，主要是透过国与国合作的排减计划产生的减排量交易，通常以期货方式预先买卖。

大唐漳浦六鳌一、二期风力发电场。六鳌一期 CDM 项作为单边项目开发。2007 年 6 月 18 日，与法国电力贸易有限公司签订《清洁发展机制减排购买协议》一期交付 CER 数量是 94407 吨，获得 163 万欧元。六鳌二期 CDM 项目是与荷兰 Essent 能源贸易公司合作开发的双边项目，预计的最大交付 CER 数量是 427650 吨。出售碳排放权获得的收益将十分可观。

第四节　中国的排污权交易政策

 一、中国排污权交易政策的实施

从 1987 年开始，国家环保局在 18 个城市进行排污许可证制度的试点。在 1989 年第三次全国环境保护会议上，排污许可证制度作为环境管理的一项新措施被提出来。

1990 年，国家环境保护局开始选择试行排放大气污染物许可证制度的城市。

从 1991 年 4 月开始，包头、开远、柳州、太原、平顶山和贵阳等城市尝试大气污染物的排污权交易。根据我国目前大气污染的特点，排污指标的有偿转让方式可以有 4 种：（1）老企业将现有的污染指标有偿转让给新建企业。（2）将多余的排污指标有偿转让给其他排污指标不够用的单位。（3）停掉部分经济效益差、工艺落后、污染严重又争能源、争原料的产品项目，让出部分排污指标给经济效益好、工艺先进、污染轻的项目。（4）面源排污指标有偿转让给点源。

1993 年，国家环境保护局又在 6 个城市开始了大气排污权交易政策的试点工作。1994 年，国家环境保护局宣布排污许可证的试点阶段工作结束，同时开始在所有城市推行排污许可证制度。目前，中国至少在 10 个城市进行过排污权交易的试验，涉及的污染物包括大气污染、水污染物等。

2010 年左右国家陆续对排污权有偿使用和排污权交易进行试点。例如，2011 年 2 月初，内蒙古自治区印发《排污权有偿使用和交易试点实施方案》（以下简称《方案》），正式启动排污权交易试点。根据该《方案》，试点范围涵括自治区境内的所有排污单位，交易标的物包括二氧化硫、氮氧化物、化学需氧量、氨氮四类。排污权有偿使用费和交易基准价格由自治区发展改革委、财政厅、环保厅根据不同性质的排污单位排污权的获取分三类情形：新、改、扩建项目需新增主要污染物排放指标必须通过有偿购买取得物排污权；现有排污单位和已获得环境影响评价审批文件但未正式运行的排污单位在缴纳排污权有偿使用费后获得排污权；已领取排污许可证的排污单位待排污许可证到期换证时有偿获得排污权。《方案》要求：排污权交易须以排污许可证为基础，排污权出售方和购买方须向环境保护主管部门提出交易申请。排污单位因不符合产业政策、污染物超标排放等原因被关停、取缔，其主要污染物排放指标由排污权储备管理机构进行收储。交易必须在政府确定的排污权交易平台上进行，可采取竞拍、挂牌交易等方式。据污染物总量控制要求、测算的实际治污成本及自治区经济发展实际情况来确定，排污权有偿使用费基准价格原则上每五年调整一次，第一次交易以初始基准价格起点竞价，第二次起的交易以上一次竞价平均成交价位基准价格作为起点。排污权有偿使用所得必须专款专用于环境污染治理以及排污权交易平台运行。

二、中国排污权交易的问题与对策

总的来说，我国的排污权交易还存在很多问题，主要表现在"总量控制"还没有成为环境保护的核心思想；排污权一级、二级市场十分脆弱，亟待规范化；有关排污权交易的政策和法律滞后；环境保护的"总量控制"和追求经济增长之间的矛盾难以平衡；地方保护主义仍然存在，暗中增加企业的排污量、限制排污权交易的范围；等等。我们在制定环境经济政策时可以采取如下对策来积极应对。首先，完善排污权交易的法律体系。继而加快建立和完善排污权交易市场。与此同时，建立和完善排污权交易的政策调整体系，并加强环境执法，相信在这样的努力下，排污权交易政策作为一项重要的、有效的环境经济政策能够在我国的环境保护事业中发挥更大的作用。

第十四章　中国碳交易市场的建设与管理

气候变化是人类社会共同面临的严峻挑战，对此国际社会自 20 世纪 80 年代起就开始寻求应对气候变化的有效对策并在联合国主持下先后谈判制定了《联合国气候变化框架公约》，确立了"将大气中温室气体浓度稳定在防止气候系统受到危险性人为干扰的水平"的最终目标，要求国家、社会按照"共同但有区别的责任"原则，积极采取行动减少温室气体排放。建立碳交易市场是减少温室气体排放的有效方法之一。本章主要讨论碳交易市场的原理与构成，以及我国碳交易市场建立的背景、政策发展与实施等问题。

第一节　碳交易市场的原理与构成

碳交易市场是指以控制温室气体排放为目的，以温室气体排放配额或温室气体减排信用为标的物所进行的市场交易。与传统的实物商品市场不同，碳交易看不见摸不着，是通过法律界定，人为建立起来的政策性市场，其设计的初衷是为了在特定范围内合理分配减排资源、降低温室气体减排的成本。

一、碳交易市场的基本原理

碳交易市场是排放权交易制度理论在应对气候变化时的一种实践，而排放权交易的理论根源可以追溯到科斯 1960 年提出的产权理论，即通过产权的确定使资源得到合理的配置，避免无主公共物品的"公地悲剧"。

在碳交易市场诞生之前，排污权交易已经在美国的酸雨计划中取得了成功，有效地减少了二氧化硫排放。20 世纪 90 年代的国际气候谈判在设计减少温室气体排放的方案时，碳交易市场作为一种降低减排成本、提高减排效率的市场手段被引入。在《京都议定书》（详见第十三章）中第一次对温室气体排放量进行了法律约束，使其成为一种稀缺资源，并制定了一系列界定温室气体排放权利的制度使这种资源具有可交易性，碳交易市场由此产生。

碳交易市场的基本原理包括总量控制交易机制和基线信用机制。大部分碳交易市场均采用总量控制机制，即通过立法或其他有约束力的形式，对一定范围内的排放者设定温室气体排放总量上限，将排放总量分解成排放配额，依据一定原则和方式（免费分配或拍卖）分配给排放者。配额可以在包括排放者在内的各种市场主体之间进行交易。总量控制碳交易机制下，配额的总量设置和分配实现了排放权的确权过程，减排成本的差异促使交易的产生。减排成本高的企业愿意到市场上去购买配额以满足需要，减排成本低的企业则进行较多的减排并获取减排收益，最终减排由成本最小的企业承担，从而使得在既定减排目标下的社会整体减排成本最小化。

基于基线信用机制的碳交易市场是对总量控制碳交易市场的补充。当碳减排行为使得实际排放量低于常规情景下的排放基准线时会产生额外的碳减排信用，减排信用可以用于出售交易，最典型的基线信用机制是《京都议定书》下的 CDM 机制和 JI 机制。减排信用的需求来自两类：第一类来自总量控制碳交易市场的抵消机制，碳减排信用可以部分代替碳配额来完成履约责任，以降低履约成本，这也是设计 CDM 和 JI 的初衷；第二类来自自愿市场的交易，企业或个人可以购量来中和自身的碳排放，履行社会责任。

二、碳交易市场的核心要素

碳交易市场的核心要素包括覆盖范围、配额总量、配额分配、排放监测、报送与核查、履约机制以及交易机制等。

1. 覆盖范围

碳交易市场的覆盖范围包括碳交易市场的纳入行业、纳入气体、纳入标准等。选择碳交易市场纳入行业标准包括排放量和排放强度较大、减排潜力较大、较易核算等，因此电力、钢铁、石化等排放密集型的工业行业往往是优先考虑的对象。纳入的温室气体类型最常见的是二氧化碳，其次是《京都议定书》第一期规定管制的其他五种温室气体。纳入标准需要考虑以下几个问题：一是标准的类型，既可以是排放量，也可以是其他参数，例如能耗水平、装机容量等；二是标准的数值，即多大排放以上的排放源或多大规模以上的排放源才被纳入；三是标准的对象，即该标准针对的是排放设施还是排放企业。纳入行业、纳入企业、纳入标准共同决定了碳交易市场的覆盖范围。

2. 配额总量

配额总量的多寡决定了配额的稀缺性，进而直接影响碳交易市场的配额价格。配额总量的设置，一方面应确保地区减排目标的实现，另一方面应低于没有碳交易政策下的照常排放，照常排放与配额总量的差值代表了需要做出的减排努力。

配额总量的设置决定了碳交易市场上配额的供给，进而影响配额的价格。配额总量越多碳配额价格越低、配额总量越少碳配额价格越高。如果配额总量高于没有碳交易政策的照常排放，那么碳交易市场将会因配额过量而价格低迷。

3. 配额分配

碳排放配额分配是碳交易制度设计中与企业关系最密切的环节。碳交易市场建立以后，由于配额的稀缺性将形成市场价格，因此配额分配实质上是财产权利的分配，配额分配方式决定了企业参与碳交易市场的成本。

配额分配的类型可以分为免费分配和有偿分配两类。免费分配，即配额以无偿的方式分给企业，常用的免费分配的方法包括祖父法和基准法，前者根据历史排放发放配额，历史法经常会出现的问题是"鼓励落后"，即过去在减排控排做的并不好的企业由于其历史排放高而得到了更多的配额。后者根据一定的基准发放配额，这种分配方式可以做到"鼓励先进"，但对于基准的设计和数据基础的科学性和准确性要求很高。配额的有偿分配分为拍卖和固定价格出售两种，前者由购买者竞标决定配额价格，后者由出售者决定配额价格。

4. 排放监测、报送与核查

碳排放交易的基本原理是要求每一吨排放量都必须有对应的配额。因此，排放量数据的准确性是碳交易市场赖以生存的基础。而碳排放的监测、报告与制度，即 MRV（monitoring，reporting and verification）体系是确保数据准确性的基础。因此，MRV 的实施效果对碳交易政策的可信度至关重要。

从时间维度来说，MRV 每年的工作（MRV 周期为一年）大致可分为以下几步：①排放企业根据管理机构的要求和自己提交的该年度监测计划，开展为期一年的排放监测工作；②排放企业在每年规定的时间节点前向管理机构报告上一年度的排放情况，提交年度排放报告；③由独立第三方核查机构对排放报告进行核查，并在规定的时间节点前出具核查报告；④管理机构对排放报告和核查报告进行审定，在规定的时间节点前确定企业的上一年的排放量；⑤排放企业在每年年底提交下一年度的排放监测计划，作为下一年度实施排放监测的依据，然后开始重复第一步的工作。

5. 履约机制

履约考核是每一个"碳交易履约周期"的最后一个环节，也是最重要的环节之一。履约考核是确保碳交易市场对排放企业具有约束力的基础，基本原理是将企业在履约周期末所上缴的履约工具（碳配额或减排信用）数量与其在该履约周期的经核查排放量进行核对，前者大于或者等于后者则为合格，小于后者则被视为违规，就要受到惩罚。未履约惩罚是确保碳交易政策具有约束力的保障。主管部门还需要配备一定的执法力量执行处罚。

6. 抵消机制

在目前的碳交易市场设计中通常引入抵消机制，即允许企业购买项目级的减排信用来抵扣其排放量。引入抵消机制的目的一是为了降低排放企业的履约成本，二是为了促进未纳入碳交易市场范围内的企业通过减排项目实现减排，相当于通过市场手段为能够产生减排量的项目提供补贴。

在强制减排市场中，减排信用是配额的有效补充。因此，为了保障配额市场的需求，各碳交易市场通常会对减排信用的使用数量进行限制，例如大部分中国碳交易试点对 CCER 的使用比例要求限制在 10% 以内。

7. 交易机制

建设碳交易市场是为了发挥市场机制的优势，实现对碳排放权这一稀缺资源的优化配置。碳交易根据交易品种和交易/结算场所可以分为不同类型。按交易品种来说可以分为配额交易和减排信用交易，以及现货交易和衍生品交易，衍生品交易包括期货、期权、远期等。从过往的经验来看，一方面配额市场的交易量远大于减排信用市场；另一方面，由于衍生品交易流动性远高于现货交易，因此国际碳交易市场中衍生品交易的比重高达 95% 以上。按是否在交易所的交易平台进行集中交易，可以分为场内交易和场外交易；场外交易的结算既可以在结算机构进行也可以自行双边结算。

8. 监管与调控机制

碳交易市场的监管可以分为碳交易政策监管和市场监管两个方面，不同方面通常由不同的监管机构负责。市场监管的目的是为了维护碳交易市场的正常市场秩序，避免欺诈、操纵、内幕交易等非法行为的出现。而对于 MRV、履约合规、抵消机制等碳交易政策的监管，一般由碳交易市场的主管机构负责，监管对象包括排放企业、核查机构、减排项目业主等，这部分监管的目的是确保政策能够按碳交易法律规定予以实施。

碳交易市场的监管可以分为三类：首先是一级市场拍卖，主要由碳交易主管机构监管和拍卖机构的自我监管相结合；其次是二级市场现货交易，主要由管理机构和交易所自我监管相结合，金融监管机构也可能参与其中；最后是期货、期权等衍生品市场交易，这部分主要由金融监管机构和交易所自我监管相结合。

市场调控机制是为了确保碳价维持在一个合理水平，既能给企业带来压力，促进其减排，又不至于由于配额过度紧缺而使得价格过高。一般来说，政府会成立市场调控的配额储备以及资金储备，根据一定的条件对市场上的配额进行出售或回购。市场调控机制的关键在于规则清晰透明，给予市场明确的政策预期。

第二节 中国碳交易市场政策与实践

在国际社会就低碳发展的目标和全球治理机制的认识和共识不断深化，碳交易机制越来越被主要国家接受为主要的减排政策工具的背景下，中国政府也把低碳发展的战略目标提到了前所未有的高度，并日渐成为指导我国未来经济社会发展的核心原则。

 一、中国低碳发展实践

在 2009 年 12 月的哥本哈根气候大会上，中国第一次对外做出量化的自主减排承诺。随后陆续颁布并实施《"十二五"规划纲要》《"十二五"控制温室气体排放工作方案》，以及低碳省市试点、低碳园区、低碳产品认证等政策，形成了完整的减排政策体系。与此同时，中国政府开始研究制定更为长远的应对气候变化的政策目标。2009年 8 月，全国人大通过了《全国人大常委会关于积极应对气候变化的决议》，明确提出把积极应对气候变化作为实现可持续战略的长期任务并纳入国民经济和社会发展规划，

《气候变化法》的立法工作也正在进行。党的第十八届三中全会中正式提出将生态文明建设纳入"五位一体"的建设发展体系，强调推动低碳绿色经济的发展。国家发改委和有关部门也在积极编制《应对气候变化规划》及研究排放峰值等问题。

中国经济步入新常态后，在能源资源环境制约日趋严重、增长速度放缓的压力下，中国需要不断优化经济结构，告别忽视环境保护的污染性发展，更加注重经济发展的质量和效率，更注重产业结构的调整和升级，注重经济发展方式的转变，注重经济发展、社会进步和环境保护这三者的协调。新常态与"绿色发展、低碳发展、循环发展"这个理念是相吻合的。基于这样的认识，中国政府提出了一系列更系统、长远的减排目标。

在 2014 年 11 月，中美两国元首于北京发布《中美气候变化联合声明》，中国提出 2030 年左右二氧化碳排放达到峰值且将努力早日达峰，并计划到 2030 年非化石能源占一次能源消费比重提高到 20% 左右。这是中国首次公开承诺峰值相关目标。2015 年 9 月，中美双方于华盛顿重申《中美气候变化联合声明》，并提出两国将加强国内减排行动以及国际减排合作，并推动巴黎气候会议达成共识。

2015 年 6 月，中国向联合国气候变化公约秘书处提交了应对气候变化国家自主贡献文件，确定了中国到 2030 年的自主行动目标：二氧化碳排放在 2030 年左右达到峰值并尽早达峰；单位 GDP 二氧化碳排放比 2005 年下降 60% ~65%；非化石能源占一次能源消费比重达到 20% 左右；森林蓄积量比 2005 年增加 45 亿立方米左右。文件中还公布了中国强化应对气候变化的低碳行动和政策措施、提出要推进碳排放权交易市场建设，充分发挥市场在资源配置中的决定性作用。

2016 年 3 月，《国民经济和社会发展第十三个五年规划纲要》指出我国在应对气候变化方面坚持减缓与适应并重，有效控制温室气体排放，落实减排承诺，主动适应气候变化，增强适应气候变化能力，广泛开展国际合作，深度参与全球气候治理，为应对全球气候变化做出贡献。低碳发展已经成为节约资源和保护环境、促进经济可持续发展的重要和必要途径，也是我国政府"十三五"期间的重要工作内容。

二、中国碳交易市场的政策发展

在各国积极推行区域性碳交易体系的潮流下，碳交易开始进入我国政府规划，成为中国推进生态文明建设、推动绿色低碳发展的重要内容之一。

碳交易首次出现在中国的官方文件是在 2010 年 10 月国务院下发的《国务院关于加快培育和发展战略性新兴产业的决定》，在第八条"推进体制机制创新"中，提出要"建立和完善主要污染物和碳排放交易制度"。

2011 年 3 月 16 日，全国人大通过了"十二五"规划纲要，提出建立完善温室气体排放统计核算制度，逐步建立碳排放交易市场。进入政府的五年规划纲要，表明碳交易正式成为中国官方规划的一部分，对中国碳交易市场建设具有决定性的意义。

2011 年 12 月 1 日，国务院印发了《"十二五"控制温室气体排放工作方案》，其中

"探索建立碳排放交易市场"作为单独的一节专门列出，这是中国对碳交易市场建设部署得最为详尽的官方规划文件，其作用类似于纲领性文件。

2013年底召开的中共十八届三中全会，通过《中共中央关于全面深化改革若干重大问题的决定》，该决定强调了市场机制在深化改革中的重要作用。而具体到低碳环保领域，该决定指出中国应"发展环保市场，推行节能量、碳排放权、排污权、水权交易制度，建立吸引社会资本投入生态环境保护的市场化机制，推行环境污染第三方治理"。

2015年9月，中美双方于华盛顿重申《中美气候变化联合声明》，中国明确表示全国碳交易市场将于2017年正式启动，并首次明确全国碳交易市场建设时间表，这对政府部门组织建设以及市场参与者做好准备工作都具有重要的指导意义。

2015年9月，国务院《生态文明体制改革总体方案》明确要求各地区各部门"深化碳排放权交易试点，逐步建立全国碳排放权交易市场，研究制定全国碳排放权交易总量设定与配额分配方案。完善碳交易注册登记系统，建立碳排放权交易市场监管体系"。

2016年3月，"十三五"规划纲要顺承十八届五中全会的精神，提出"全面节约和高效利用资源，树立节约集约循环利用的资源观，建立健全用能权、用水权、排污权、碳排放权初始分配制度，推动形成勤俭节约的社会风尚"，明确了建立碳排放权制度为"十三五"期间的重要工作。

碳交易进入一系列党和政府的官方政策文件，成为中国碳交易市场建设的重要推动力量。而早在2011年10月29日国家发展改革委办公厅下发《关于开展碳排放权交易试点工作的通知》批准建立北京、天津、上海、重庆、湖北、广东、深圳"两省五市"碳排放权交易试点，则标志着碳交易从规划走向实践。

 ## 三、中国试点碳交易市场实践

2015年，"两省五市"碳排放权交易试点共纳入2036家重点排放企业。通过履约情况表明，七个碳交易试点已基本建成了主体明确、规则清晰、监管到位的碳排放权交易市场。

根据公开材料，截至2015年12月31日，七个碳排放权试点二级市场成交4978.7万吨，成交额14.1亿元。其中公开交易成交量3607.6万吨、成交额10.95亿元、成交均价30.36元/吨；协议转让成交量1371万吨、成交额3.54亿元、成交均价25.86元/吨。试点二级市场的换手率从1%到7%不等，不考虑期货市场，部分试点的活跃度已超过欧盟、加州等碳交易市场。除了二级市场交易，各个试点也积极尝试进行配额拍卖，其中广东试点从试点启动以来举行了10次配额拍卖，共拍卖1486万吨配额，成交金额7.7亿元，为七个碳交易试点之最。同时，"两省五市"碳排放权交易试点还开展碳配额账户托管、碳资产配额质押贷款、碳债券、碳基金等金融创新尝试。随着交易量的上升以及碳金融的不断创新，碳配额的价格发现机制已在逐步形成。

碳交易机制有效促进了试点地区的减排工作，试点地区碳排放强度下降幅度明显高于全国平均水平。相关数据表明，北京市重点排放单位 2014 年二氧化碳排放量同比降低了 5.96%；深圳被纳入体系的 635 家管控企业 2014 年碳排放量较基期（2011 年）下降了 370 万吨，下降率约为 11%；广东 2014 年控排企业总体碳排放总量比 2013 年下降约 1.5%；湖北 138 家企业 2014 年排放总量同比减少 767 万吨，下降 3.14%。

四、碳交易试点的经验与启示

具体而言，"两省五市"碳排放权交易试点以下经验尤其值得学习借鉴。

一是领导重视。碳交易市场涉及对企业的多种监管，包括生产、排放、核查、交易、履约等诸多环节，仅靠主管部门，即发改部门并不足以调动足够的资源进行管理。根据试点经验，主管部门还需要联合财政、统计、物价、工信、林业、法制、金融等多部门对碳交易市场进行设计和管理，需要更高一层的政府领导牵头，建立协调工作机制，确保主管部门和其他有关部门协同管理顺利进行。

二是注重法律法规建设。碳交易市场是政策建立的市场，需要有高层级的法律保证配额作为商品的有效性和合法性。七个试点当中，北京和深圳通过了人大立法并配套完善的技术指南与实施细则，执法也最为严格，控排企业和投资者对碳交易政策和碳交易市场信息的了解也相对较充足，反映到市场表现上，北京和深圳的价格和市场活跃度均领先于其他试点。

三是要保证数据的质量。企业配额分配及履约均根据排放数据确定，因此数据的质量直接影响到碳交易市场的运行表现。试点在确保数据的准确性上做了大量工作，包括统一技术标准、建立数据报告系统、建立专家审核队伍、加强核查机构管理、对第三方核查机构进行抽查复核、建立问答渠道、建立年度总结完善机制等。通过这些工作，不断完善 MRY 体系（排放监测、报送与核查，monitoring-reporting and verification），不断提高数据质量，满足碳交易市场管理的数据要求。

四是要不断加强能力建设。碳排放权交易作为一项新兴的政策手段，涉及监测报告、核查、配额分配、交易、履约、抵消等多个方面，无论是政府部门还是排放企业、核查机构及投资机构均缺乏足够的知识及经验，因此需要不断完善能力建设。在筹备之初，各试点针对不同的对象邀请国内外专家开展普及性的碳交易理论培训和研讨会，让各利益相关方充分了解自己在碳交易市场中的权利和义务。在试点启动后各试点还针对特定主体进行补充深化的培训活动和研讨会，逐步完善市场相关各方的知识体系。

五是加强企业动员。由于企业对温室气体减排工作缺少了解，在市场启动初期往往对碳排放权交易政策存在抵触情绪。试点除了正常的培训外，还需注重与企业的沟通交流，通过举办沙龙、研讨会、上门调研访谈等形式，从政策制定开始就听取企业的意见和建议，并通过其他行政手段鼓励企业积极参与。同时，通过新闻媒体对全社会宣传低碳政策和碳交易市场，营造良好的舆论氛围。

参 考 文 献

1. 马中：《环境与自然资源经济学概论》（第二版），高等教育出版社 2006 年版。

2. 李克国：《环境经济学》（第二版），中国环境科学出版社 2007 年版。

3. 彼得·伯克、格洛丽亚·赫尔方著，吴江等译：《环境经济学》，中国人民大学出版社 2013 年版。

4. 巴里·菲尔德、玛莎·菲尔德著，原毅军、陈艳莹译：《环境经济学》（第三版），中国财政经济出版社 2006 年版。

5. 张真、戴星翼：《环境经济学教程》，复旦大学出版社 2007 年版。

6. 约翰·C. 伯格斯特罗姆、阿兰·兰多尔著，谢关平译：《资源经济学：自然资源与环境政策的经济分析》（第三版），中国人民大学出版社 2015 年版。

7. 马中：《环境经济与政策：理论及应用》，中国环境科学出版社 2010 年版。

8. 王玉庆：《环境经济学》，中国环境科学出版社 2002 年版。

9. 罗杰·珀曼：《自然资源与环境经济学》，中国经济出版社 2002 年版。

10. 克尼斯著，马中译：《经济学与环境》，三联书店 1991 年版。

11. 高本权：《西方经济学》，中国财政经济出版社 2010 年版。

12. 阿尔弗雷德·马歇尔著，宇琦译：《经济学原理》湖南文艺出版社 2012 年版。

13. 德内拉·梅多斯等著，李涛等译：《增长的极限》，机械工业出版社 2013 年版。

14. 杰里米·里夫金著，张体伟译：《第三次工业革命》，中信出版社 2012 年版。

15. 艾米垂吉特·A. 贝特拜耳、彼特·尼基坎著，史丹等译：《资源与环境经济学研究方法》，经济管理出版社 2017 年版。

16. 邹至庄著，许罗丹、黄安平译：《环境问题的经济分析》，电子工业出版社 2017 年版。

17. 钟水映、简新华：《人口、资源与环境经济学》，北京大学出版社 2017 年版。

18. 陈妍、李保国：《资源与环境系统分析》（第二版），中国农业大学出版社 2017 年版。

19. 刘耀彬：《人口、资源与环境经济学模型与案例分析》，科学出版社 2013 年版。

20. 丁文广：《环境政策与分析》，北京大学出版社 2008 年版。

21. 前田章：《环境经济学入门》，日本经济新闻出版社 2010 年版。

22. ［日］佐和隆光、植田和弘：《环境的经济理论》，岩波书店 2005 年版。